Herstellung und Verlag: BoD – Books on Demand, Norderstedt
ISBN: 9783754352076

Robert Sturm

RÜCKSTREUELEKTRONEN-MIKROSKOPIE

Methode • Anwendungen • Beispiele

Vorwort

Die Rückstreuelektronenmikroskopie hat insbesondere in den vergangenen Jahrzehnten eine breite Verwendung in den Naturwissenschaften gefunden. In den Material- und Erdwissenschaften konnten mithilfe dieser Untersuchungsmethode zahlreiche offene Fragen beantwortet werden. Deshalb zählt die besondere Form der Elektronenmikroskopie in den genannten Disziplinen mittlerweile zum methodischen Standardrepertoire.

Die Besonderheit der Rückstreuelektronenmikroskopie (engl. Backscattered Electron Microscopy) liegt im Wesentlichen darin, dass die an der Probe reflektierten Elektronen nicht nur ein detailliertes Bild von der Objektoberfläche liefern, sondern auch Auskunft über die chemische Zusammensetzung des Untersuchungsgegenstandes geben. Zumeist dient das Rückstreuelektronenbild (Rückstreuelektronenkontrast) zur qualitativen Analyse der Probenoberfläche, wobei weiterführende chemische Messung unter Zuhilfenahme verschiedener Verfahren (wellenlängendispersives System, energiedispersives System) erfolgen. Für eine möglichst effiziente Kombination von Bildgebung auf der einen Seite und chemischer Analyse auf der anderen erweist sich vielfach die Elektronenstrahlmikrosonde als Gerät der Wahl.

In der vorliegenden Monografie soll ein kurzer Einblick in die Funktionsweise der Rückstreuelektronenmikroskopie gewährt werden, ehe das Hauptaugenmerk auf verschiedene Anwendungsbereiche des Verfahrens in den Material- und Erdwissenschaften gelenkt wird. So gelingt es mit der Methode etwa, das Wachstum magmatischer Kristalle einer detaillierten Untersuchung zuzuführen. Die Monografie richtet sich vor allem an jenen Kreis an Lesern und Leserinnen, welche die Rückstreuelektronenmikroskopie für künftige Forschungen zu nutzen gedenken.

Robert Sturm, Herbst 2021

Inhalt

Einleitung 1

1.1 Rasterelektronenmikroskopie — Überblick

Die Rasterelektronenmikroskopie (REM) wird im Englischen als Scanning Electron Microscopy (SEM) bezeichnet und ist im Allgemeinen durch die Verwendung eines Elektronenstrahls charakterisiert, welcher das vergrößert abzubildende Objekt abrastert. Durch die Interaktion der Elektronen mit dem Untersuchungsgegenstand wird die Erzeugung eines Bildes der betreffenden Objektoberfläche ermöglicht, wobei sich die entsprechenden Abbildungen durch eine außergewöhnlich hohe Schärfentiefe auszeichnen [1]. Das Rasterelektronenmikroskop besitzt ein etwa 100- bis 1000-fach höheres Auflösungsvermögen als das Lichtmikroskop, wodurch dem Nutzer ein detaillierter Einblick in den Mikro- und Nanokosmos gewährt wird. Neuere Geräte erlauben auch eine Durchführung der rasternden Abbildung im Transmissionsmodus (Scanning

Transmission Electron Microscopy oder STEM), was jedoch den Einsatz wesentlich höherer Beschleuningsspannungen des Elektronenstrahls zur Voraussetzung hat [1-3].

1.2 Kurze Geschichte der Rasterelektronenmikroskopie

Die technischen Grundlagen für die Rasterelektronenmikroskopie gelangten bereits in den 1920er Jahren zur umfangreichen Erforschung. Im Jahr 1925 gelang Hans Busch die gezielte Ablenkung von Elektronen mithilfe eines Magnetfeldes, was die Konstruktion spezieller Elektronenlinsen zur Folge hatte. Diese sind in Hinblick auf ihre Funktion als Analogon zu den Glaslinsen bei Lichtstrahlen zu verstehen. Im Jahr 1931 erfolgte durch Ernst Ruska und Max Knoll die Konstruktion des ersten Elektronenmikroskops, welches jedoch noch auf dem Durchstrahlungs- oder Transmissionsprinzip beruhte. Dementsprechend lieferte es keine Darstellung der Objektoberfläche, sondern zum Teil noch schwer interpretierbare Bilder vom Objektinneren. Das Gerät verfügte zudem über ein sehr stark eingeschränktes Auflösungsvermögen, was auf zahlreiche technische Einschränkungen zurückgeführt werden konnte. Im Jahr 1933 gelang Ernst Ruska der Bau eines weiteren Elektronenmikroskops, welches sich durch ein Auflösungsvermögen von 50 nm auszeichnete und damit die Durchlichtmikroskopie in Bezug auf die Objektvergrößerung deutlich in den Schatten zu stellen vermochte [1-4].

Die Konstruktion des ersten Rasterelektronenmikroskops erfolgte im Jahr 1937 durch den deutschen Ingenieur Manfred von Ardenne (Abb. 1). Das Gerät zeichnete sich einerseits durch seine hohe Auflösung und andererseits durch seine Fähigkeit der Abtastung sehr kleiner Raster (Seitenlänge: 10 μm) aus. Diese beiden Eigenschaften ließen sich durch die zweistufige Verkleinerung und Feinfokussierung des Elektronenstrahls erreichen. Schlussendlich betrug der Sondendurchmesser (Durchmesser des Elektronenstrahls) lediglich noch 10 nm, womit eine technische Revolution in der Elektro-

Abbildung 1

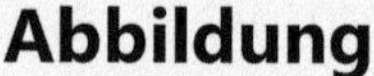

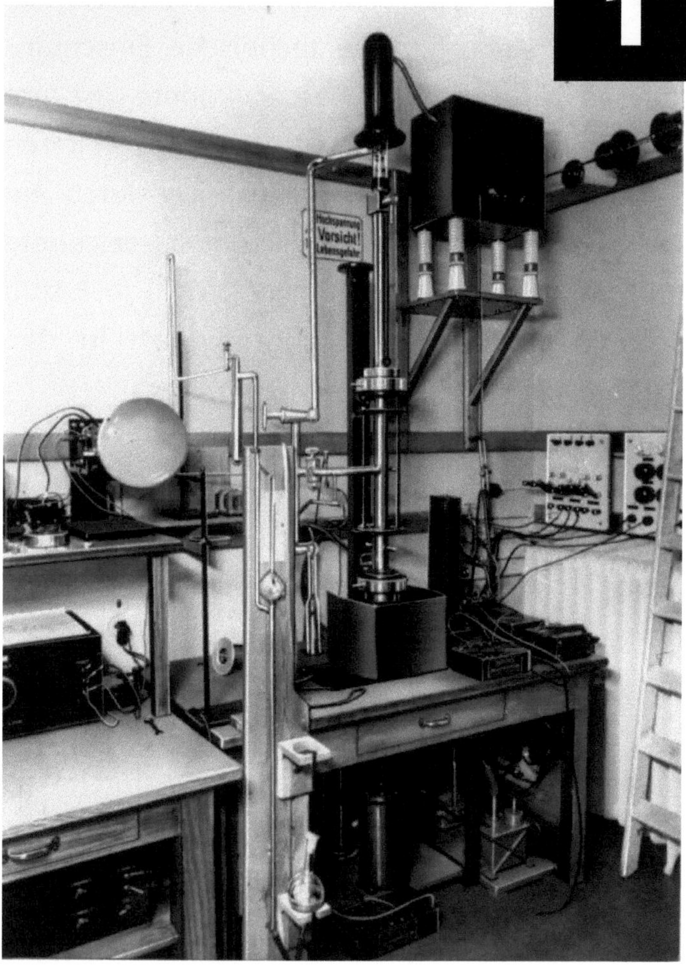

Erstes hochauflösendes Rasterelektronenmikroskop von Manfred von Ardenne (Baujahr 1937).

nenmikroskopie eingeläutet worden war. Das auf Manfred von Ardenne zurückzuführende Abtastprinzip ermöglichte freilich nicht nur die gezielte Untersuchung der Objektoberfläche, sondern darüber hinaus auch noch die Eliminierung des chromatischen Fehlers, welcher eine besondere Problematik der Elektronenmikroskopie darstellt [4-7].

Die in die 1930er Jahre zu datierenden technischen Publikationen des Manfred von Ardenne galten als Grundlage für die Forschungen der Vladimir-Zworykin-Gruppe, welche in den 1940er Jahren mehrere Arbeiten zum Rasterelektronenmikroskop veröffentlichte. In den 1950er und 1960er Jahren nahmen sich mehrere Arbeitsgruppen der Universität Cambridge unter der Leitung von Charles Oatley dieses Themas an, wodurch schließlich die kommerzielle Rasterelektronenmikroskopie ins Leben gerufen wurde. Die erste Vermarktung eines entsprechendes Geräts (Stereoscan) erfolgte im Jahr 1965 durch die Cambridge Scientific Instruments Company [4].

Das Rasterelektronenmikroskop lässt sich grob in drei Grundeinheiten untergliedern: Der Einheit der Elektronenstrahlerzeugung stehen die Ablenkungs- oder Abtasteinheit sowie die Einheit zur Detektion verschiedener Signalarten gegenüber (Abb. 2). Die Erzeugung des Elektronenstrahls erfolgt in einer spezielle Elektronenquelle, bei der es sich in vielen Fällen um eine einfache Haarnadelkathode aus Wolfram oder Lanthanhexaborid (LaB_6) handelt. Diese wird durch Erhitzung zur Emission von Elektronen angeregt (Glühkathode), die in einem nachfolgenden elektrischen Feld in Richtung Anode beschleunigt werden. Die dafür verwendeten Spannungen belaufen sich in der Regel auf 10 bis 30 kV [1-3, 8, 9].

Eine aufwendigere Form der Elektronenstrahlerzeugung wird durch die sogenannte Feldemissionskathode (Field Emission Gun oder FEG) repräsentiert. Diese besteht aus einer sehr feinen Metallspitze, aus welcher infolge des Anlegens einer hohen elektrischen Feldstärke die

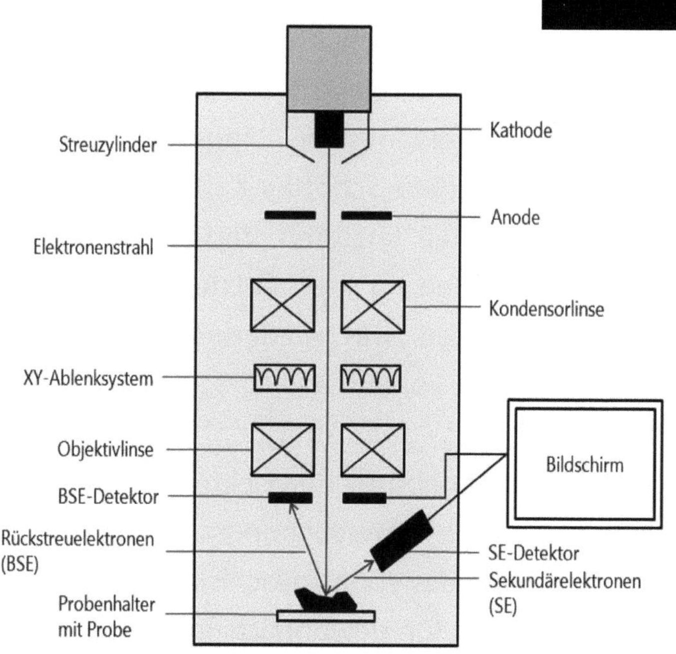

Skizze mit dem groben technischen Aufbau eines Rasterelektronenmikroskops. Den Elementen der Elektronenstrahlerzeugung stehen die Einheiten der Strahlablenkung und Elektronendetektion gegenüber. In der Mikroskopkammer herrscht normalerweise ein Hochvakuum vor.

Elektronen auf Basis des Tunneleffektes heraustreten. Bei der kalten Feldemission gelangt eine feine Wolframspitze zur Verwendung, welche unerhitzt bleibt und nur aufgrund des elektrischen Feldes die Elektronen abgibt. Bei der thermischen Feldemission hingegen wird die hierfür verwendete Schottky-Kathode leicht erhitzt. Der Vorteil letzteren Verfahrens besteht im Wesentlichen in der Entstehung höherer Strahlintensitäten, was wiederum eine bessere Bildqualität zur Folge hat [1-3, 8, 9].

Die Ablenkungs- oder Abtasteinheit sorgt dafür, dass der feingebündelte Elektronenstrahl die Oberfläche des Untersuchungsobjektes abrastert. Hierbei muss vorausgeschickt werden, dass dieser Prozess für gewöhnlich in einem Hochvakuum abläuft, um eine mögliche Interaktion der Elektronen mit den in der Luft enthaltenen Atomen und Molekülen zu vermeiden. Mithilfe zweier Magnetspulenpaare (Kondensorlinse und Objektivlinse) wird der Elektronenstrahl zunächst an einem Punkt auf der Objektoberfläche fokussiert. Das eigentliche Abrastern findet in weiterer Folge mit einem auf Basis des elektrischen Feldes funktionierenden XY-Ablenksystem statt, welches die genaue mikroskopische Analyse eines vorgegebenen Areals erlaubt [8].

Tritt der Elektronenstrahl in Wechselwirkung mit der Oberfläche des zu analysierenden Gegenstandes, entstehen in der Regel zahlreiche Signalarten (siehe unten), deren Detektion verschiedenste Informationen zur Beschaffenheit des Objektes liefert. Die einzelnen Signaltypen werden sowohl in Bezug auf ihre Qualität als auch in Hinblick auf ihre Intensität einer detaillierten Auswertung unterzogen [1-3].

Die mit der Rasterelektronenmikroskopie im Zusammenhang stehende Bildgebung entsteht dadurch, dass der aus der Kathode heraustretende primäre Elektronenstrahl Zeile für Zeile über die Oberfläche des Untersuchungsobjektes geführt wird. Das dabei entstehende Signal wird je nach Intensität in verschiedene Grauwerte umgewandelt, welche zeitgleich auf einem Bildschirm zur Darstellung gelangen. Nachdem alle Zeilen des durch den Vergrößerungsfaktor definierten Bildfeldes angetastet worden sind, startet der Rastervorgang wiederum am oberen Bildrand, was die Erzeugung eines neuen Bildes zur Folge hat [1-3].

1.4 Signalarten

Wie bereits oben angedeutet wurde, erzeugt der Primärelektronenstrahl durch die Interaktion mit der Probe zahlreiche Signalarten, welche in unterschiedlichen Tiefenbereichen entstehen (Abb. 3). Bereits unmittelbar unterhalb der Objektoberfläche erfolgt die Bildung sogenannter Auger-Elektronen, bei denen es sich um durch spezifische Schwingungsenergie freigesetzte Valenzelektronen handelt. Das mit diesen Teilchen in Verbindung stehende Signal gibt Auskunft über die atomare Zusammensetzung an der Probenoberfläche. Die ebenfalls in geringer Probentiefe entstehenden Sekundärelektronen gelten als Resultat eines Kollisionsprozesses zwischen den eintreffenden Primärelektronen auf der einen Seite und den Elektronen der Probenatome auf der anderen. Letztere treten aus der

Abbildung 3

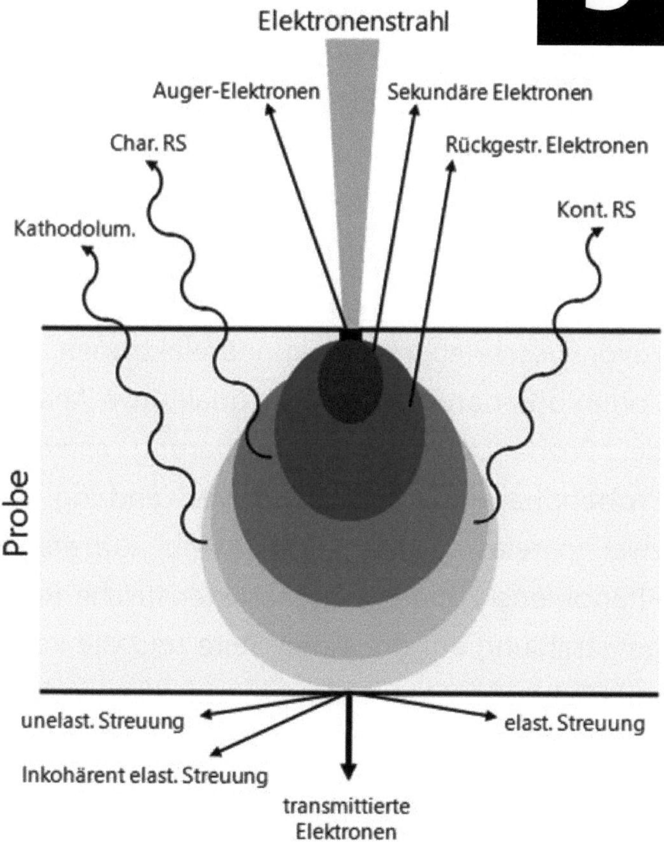

Wechselwirkungen zwischen Elektronenstrahl und Probe und daraus resultierende Generierung unterschiedlicher Signaltypen.

Objektoberfläche heraus, wobei ihre Detektion vornehmlich topografische Information zum untersuchten Gegenstand liefert. In noch etwas größerer Probentiefe erfolgt die Entstehung der im Zentrum dieser Monografie stehenden rückgestreuten Elektronen, bei denen es sich schlicht und einfach um an den jeweiligen Atomen reflektierte Primärelektronen handelt. Diese verfügen über wesentlich mehr Energie als die zuvor beschriebenen Sekundärelektronen und finden unter anderem für die qualitative Analyse der Probe und die Differenzierung einzelner Probenphasen ihre gezielte Verwendung. Als zwei in relativ großer Probentiefe auftretende Phänomene können die charakteristische Röntgenstrahlung auf der einen Seite und die kontinuierliche Röntgenstrahlung auf der anderen bewertet werden. Die charakteristische Röntgenstrahlung entsteht, wenn ein Primärelektron im Atom der Probe ein kernnahes Elektron aus dessen Position schlägt und die dadurch gebildete Leerstelle durch ein energiereicheres Elektron aus einem höheren Orbital nachbesetzt wird. Die Energiedifferenz zwischen den beiden Orbitalniveaus wird in Form eines Röntgenquants freigesetzt, welches als spezifisch für das jeweilige Element gilt und deshalb ebenfalls für qualitative Analysezwecke genutzt werden kann. Die kontinuierliche Röntgenstrahlung oder Bremsstrahlung entsteht dadurch, dass die in die Probe eintretenden Primärelektronen durch verschiedene physikalische Prozesse eine stetige Reduktion ihrer kinetischen Energie erfahren. Die entsprechende Energiedifferenz wird ebenfalls in Form von Röntgenstrahlung emittiert, welche jedoch in diesem Fall keine elementspezifische Information enthält [1-3, 8, 10].

Als ein in tiefen Bereichen der Probe in Erscheinung tretendes Phänomen kann die sogenannte Kathodolumineszenz bewertet werden. Ihre Entstehung ist im Allgemeinen darauf zurückzuführen, dass gewisse Elemente bei der Bestrahlung mit Elektronen Lichtquanten aussenden. Das aus der Probe tretende Licht kann spektral zerlegt werden und enthält in der Regel wertvolle Information zu eventuellen in der Struktur enthaltenen Spurenelementen. Zudem lassen sich mithilfe dieser Signalart mögliche interne Defektstrukturen detektieren [8, 10].

Jene Elektronen des Primärstrahls, welche zur vollständigen Durchdringung der Probe in der Lage sind, werden in ihrer Gesamtheit als transmittierte Elektronen bezeichnet, wobei diese Transmission auf Basis unterschiedlicher physikalischer Prozesse verläuft. Hier ist die unelastische Streuung von der elastischen Streuung einerseits und der inkohärent elastischen Streuung andererseits zu unterscheiden. Während die unelastische Streuung allgemeine Auskunft über Probenzusammensetzung und Bindungsstatus innerhalb des Untersuchungsobjektes liefern kann, lässt sich anhand der elastischen Streuung eine ausgedehnte Strukturanalyse der Probe vornehmen [8, 10].

1.5 Sekundär- und Rückstreuelektronenkontrast

Die Detektion von Sekundärelektronen auf der einen Seite und rückgestreuten Elektronen auf

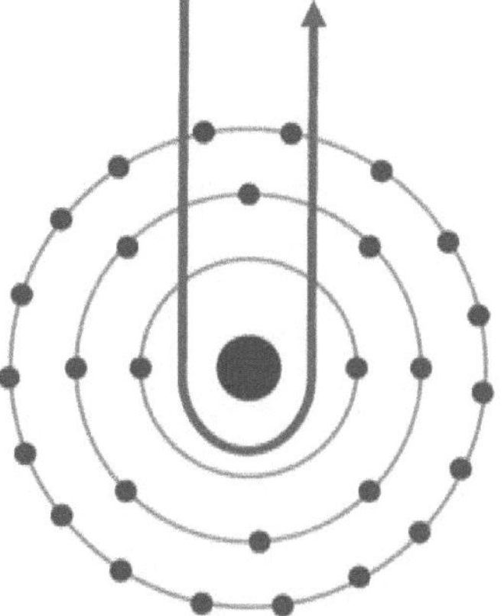

Rückstreuelektronenkontrast

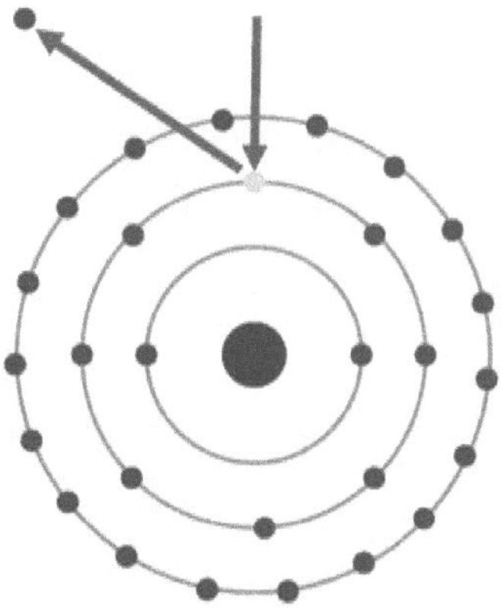

Sekundärelektronenkontrast

Skizzen zur Erörterung des Rückstreu- (oben) und Sekundärelektronenkontrastes (unten).

der anderen zählt zu den am meisten genutzten Abbildungsverfahren in der Rasterelektronenmikroskopie. Wie bereits im vorangegangenen Abschnitt kurz angedeutet wurde, entstehen Sekundärelektronen durch die Interaktion des Primärelektronenstrahls mit Atomen der Probe. Die Kollision zwischen primären Elektronen und Elektronen der Atomorbitale führt dazu, dass letztere Teilchen aus ihrer Position herausgeschleudert werden und aufgrund der ihnen zur Verfügung stehenden kinetischen Energie die Probe verlassen können. Im Falle der rückgestreuten Elektronen dringen die Primärelektronen ebenfalls in die atomaren Strukturen der Probe ein, wobei elektrostatische Wechselwirkung zu einer Umlenkung der Bewegungsbahn dieser negativ geladenen Teilchen führt. Im Idealfall werden die Elektronen des Primärstrahls um 180° abgelenkt, wodurch sie einer systematischen Detektion unterzogen werden können (Abb. 4) [1-3, 8].

Sekundärelektronen (SE) zeichnen sich dadurch aus, dass sie über eine Energie von einigen Elektronvolt (eV) verfügen und aus den obersten Nanometern der zu untersuchenden Probe stammen. Dadurch lässt sich mit ihnen die Topografie des Objektes zur Abbildung bringen. Die quantitative Erfassung von Sekundärelektronen erfolgt in der Regel mithilfe eines Everhart-Thornley-Detektors (ETD), bei dem es sich um einen Szintillator innerhalb eines Faradaykäfigs handelt. Eine im Gerät befindliche positive Ladung bewirkt die effektive Anziehung der Elektronen, wobei jedes im Zählrohr eintreffende Teilchen einen Lichtimpuls erzeugt. Dieser wiederum erfährt in einem Fotomultiplier seine gezielte Verstärkung. Der Sekundärelektronen-Detektor ist seitlich neben dem Primärelektronenstrahl positioniert und in einem gewissen Winkel zur Probe ausgerichtet, um eine entsprechende Optimierung seiner Effizienz zu erzielen (Abb. 5) [1-3, 8, 11].

Der auf Basis von Sekundärelektronen erzeugte Bildkontrast (Sekundärelektronenkontrast) hängt von einer Vielzahl an Parametern ab. Grundsätzlich erscheinen direkt zum Detektor geneigte

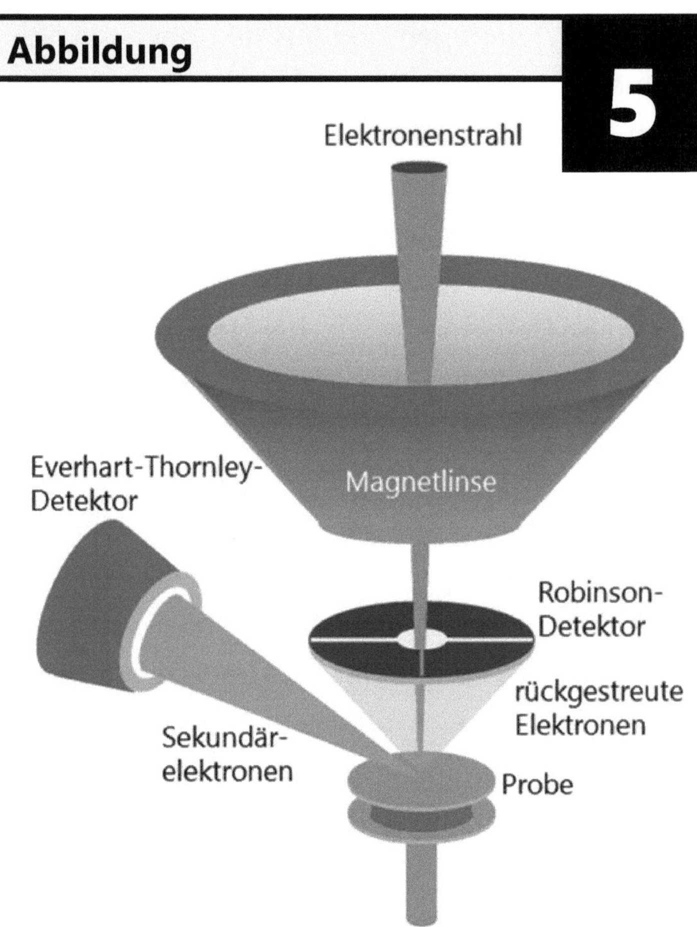

Charakteristische Positionen der Detektoren für Sekundärelektronen (Everhart-Thornley-Detektor) und rückgestreute Elektronen (Robinson-Detektor).

Flächen des Objektes heller, wohingegen vom Detektor abgewandte Flächen dunkler sind. Diesem sogenannten Flächenneigungskontrast stehen noch der Kantenkontrast auf der einen Seite und der Abschattungskontrast auf der anderen gegenüber. Sekundärelektronen aus tieferen Bereichen der Probe erreichen nicht die Oberfläche, wodurch das Volumen, aus dem diese Teilchen erfasst werden, wesentlich kleiner als der vom Primärstrahl angeregte Bereich ist. Neben dieser Einschränkung besteht auch noch eine Materialabhängigkeit der Elektronenausbeute. Isolatoren wie etwa Oxide setzen eine wesentlich geringere Anzahl an Elektronen frei als Metalle, wodurch sie auf dem Bildschirm entsprechend dunkler erscheinen. Grundsätzlich erzeugen schwere Materialien einen helleren Kontrast als leichte, da die ihnen innewohnenden Elemente über eine höhere Anzahl an Elektronen verfügen [1-3, 8, 11].

Das wesentliche Kennzeichen von zurückgestreuten Elektronen (Backscattered Electrons, BSE) besteht darin, dass sie im Vergleich zu den oben diskutierten Sekundärelektronen eine etwa 1000-mal höhere Energie (einige keV) besitzen. Die Intensität des von diesen Teilchen erzeugten Signals hängt hauptsächlich von der mittleren Ordnungszahl des untersuchten Materials ab. wobei schwere Elemente in der Probe für eine starke Rückstreuung, leichte Elemente hingegen für eine schwache Rückstreuung sorgen. Im Rückstreuelektronenkontrastbild erscheinen deshalb schwere Elemente hell und leichte Elemente dunkel (Abb. 6) [1-3, 8, 11].

Für die gezielte Erfassung von Rückstreuelektronen findet entweder der bereits besprochene Everhart-Thornley-Detektor oder der Robinson-Detektor seine Anwendung. Letztere Apparatur wird direkt über der zu untersuchenden Probe platziert und verfügt demzufolge über eine Durchtrittsstelle für den Primärelektronenstrahl (Abb. 5). Der BSE-Detektor liegt entweder in Form jenes oben erwähnten Szintillators vor, welcher elektrische Energie in Lichtimpulse umwandelt, oder basiert in einer etwas moderneren Form auf der Halbleitertechnik. Halbleiter-

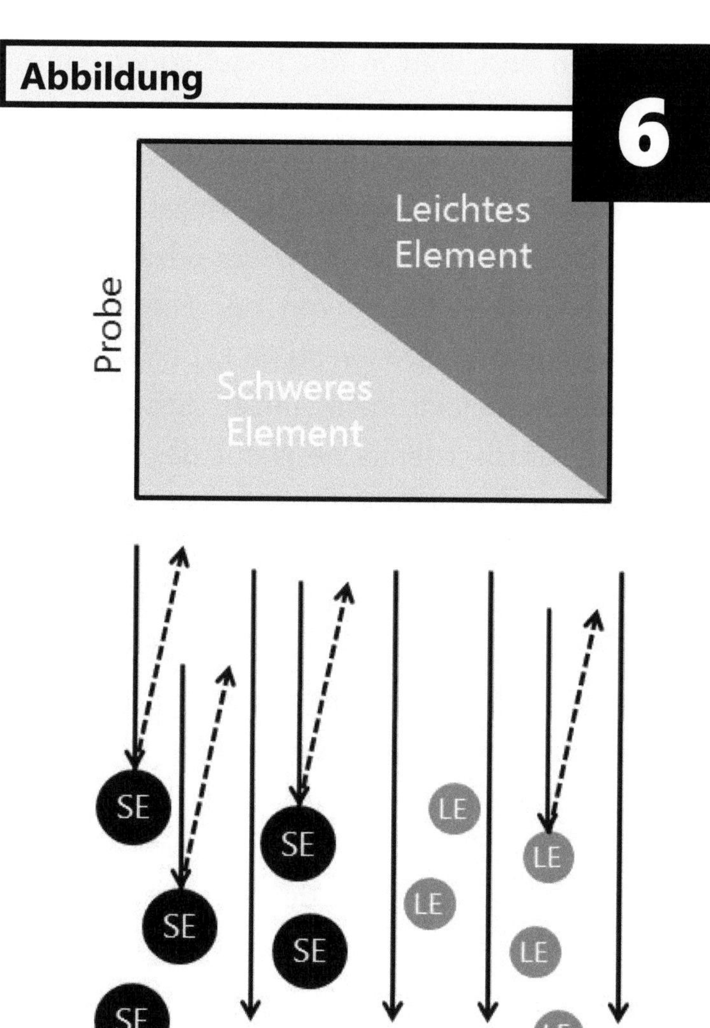

Menge der rückgestreuten Elektronen bei schweren (SE) und leichten Elementen (LE).

detektoren enthalten in der Regel sogenannte p-n-Übergänge, wobei die von der Probe absorbierten negativ geladenen Teilchen Elektronen-Loch-Paare erzeugen. Die Anzahl dieser Paare und die Stärke des durch sie produzierten Halbleiterstromes hängt von der Energie der rückgestreuten Elektronen ab [8, 11].

Der Rückstreuelektronenkontrast lässt Rückschlüsse auf die chemische Natur des Probenmaterials zu und dient darüber hinaus der Visualisierung der Verteilung verschiedener Materialien oder Elemente innerhalb des Untersuchungsobjektes. Die Interpretation des BSE-Bildes wird wie beim Sekundärelektronenkontrast von verschiedenen Faktoren beeinflusst. So ist vor allem zu berücksichtigen, dass Flächenneigung, Abschattungen, Aufladungen und andere Phänomene ebenfalls auf den Kontrast einwirken. Da rückgestreute Elektronen einem wesentlich größeren Interaktionsvolumen zwischen Primärstrahl und Probe als Sekundärelektronen entstammen, verfügt das BSE-Bild vielfach über eine geringere Schärfe als das SE-Bild [8, 11].

Methoden 2

2.1 Von der Probe zum fertigen BSE-Bild

Die Rückstreuelektronenmikroskopie und die mit ihr in Verbindung stehende Herstellung von BSE-Bildern stellt für gewöhnlich einen aus mehreren Schritten bestehenden Arbeitsprozess dar, welcher sich je nach untersuchtem Probenmaterial mehr oder weniger aufwendig gestalten kann (Abb. 7). Am Anfang dieses Vorgangs steht in der Regel die Auswahl des Probenmaterials, bei dem es sich zumeist um einen zu analysierenden Festkörper (Gestein, Kristall, Glas, Metall usw.) handelt. In den Erdwissenschaften besteht die Möglichkeit des Studiums einzelner Festkörperphasen in ihrem jeweiligen größeren Verband oder in Form einzelner aus diesem Verband extrahierter Objekte (siehe unten). Sobald die Auswahl der Probe abgeschlossen ist, erfolgt die Probenpräparation, welche bei der Rück-

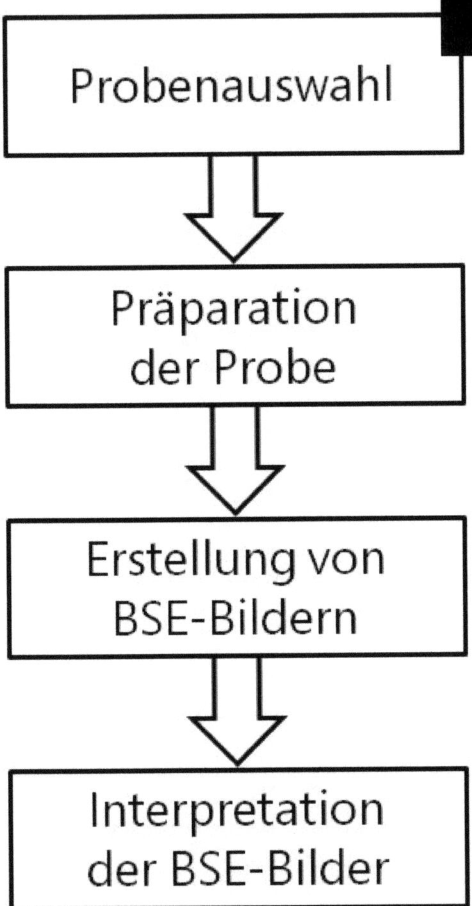

Wichtige Arbeitsschritte bei der Herstellung von Rückstreuelektronenkontrastbildern.

streuelektronenmikroskopie nicht selten mit einem erhöhten Zeitaufwand verbunden ist. Das Hauptziel der Präparation besteht vornehmlich darin, eine perfekte, von jeglichen Unebenheiten befreite Oberfläche der Probe zu erzeugen, welche noch dazu über eine entsprechende elektrische Leitfähigkeit zu verfügen hat [11-15]. Nach Beendigung der Probenvorbereitung erfolgt die Einbringung des Untersuchungsobjektes in das Rasterelektronenmikroskop oder ein ähnliches Gerät und die Herstellung jener auf dem Rückstreuelektronenkontrast basierenden Bilder. Dazu sind am Gerät etliche Standardeinstellungen vorzunehmen, welche sich nach der chemischen Zusammensetzung des Studienmaterials richten. Die auf dem Mikroskopmonitor ersichtlichen Bilder werden je nach Ausstattung mit einer Analog- oder Digitalkamera abfotografiert und im letzten Arbeitsschritt einer umfangreichen Interpretation unterzogen. Die aus der Interpretation gewonnenen Erkenntnisse fließen in entsprechende wissenschaftliche Präsentationen und Publikationen ein [11-15].

2.2 Präparation von Proben für den Rückstreuelektronenkontrast

Die auf Basis des Rückstreuelektronenkontrastes vollzogene Bildgebung hat in der Vergangenheit vor allem in den Material- und Erdwissenschaften ihre breite Anwendung gefunden. In diesen beiden Disziplinen sieht man sich oftmals mit der Frage nach der mineralischen Zusammensetzung verschiedener Gesteine konfrontiert. Auch die in einem gegebenen Festkörper vorhandenen Phasen können mithilfe des BSE-Bildes einer umfangreichen Analyse unterzogen werden. Zudem dient die Detektion von rückgestreuten Elektronen nicht selten der Identifikation von schweren Elementen (z. B. U, Th, Pb) in einer zu untersuchenden Probe [13]. Für die Gesteinsanalyse unter Zuhilfenahme des Rückstreuelektronenkontrastes ist eine spezifische Präparation des vorhandenen Probenmaterials vorzunehmen (Abb. 8). Bei zahlreichen Rasterelektronenmikroskopen können Glasobjektträger mit einer Standardgröße von 4 x 2 cm als Probenhalter verwendet werden. Auf diese

1   2

3   4

Herstellung von polierten Gesteinsschnitten für die Erzeugung von Materialkontrastbildern mithilfe der Rückstreuelektronenmikroskopie: (1) Fixierung des Gesteinsblöckchens auf dem Objektträger, (2) Abschleifen des Blöckchens auf eine Dicke von ca. 50 μm, (3) Feinschliff und Politur der Schliffoberfläche, (4) Bedampfung der Oberfläche mit Kohlenstoff.

werden zuvor zurechtgeschnittene Klötzchen des interessierenden Gesteins unter Verwendung von Epoxidharz fixiert. Die Dicke dieser Gesteinsklötzchen wird in weiterer Folge unter Anwendung verschiedener Schnitt- und Schleiftechniken auf einen Wert von etwa 50 µm reduziert. Dadurch eignet sich das entstandene Präparat auch für eine Voruntersuchung mit dem Durchlichtmikroskop [14-17].

Der dritte Arbeitsschritt der Präparation besteht im Wesentlichen darin, die Oberfläche des in seiner Dicke stark reduzierten Gesteinsklötzchens in eine plane, von jeglicher Rauigkeit befreite Form zu überführen. Zu diesem Zweck werden mehrere Schleif- und Politurphasen in den Arbeitsgang eingeschaltet. Die Politur wird dabei in der Regel unter Zuhilfenahme von Diamantpasten mit einer Körnung von 1 oder 2 µm vorgenommen. Der letzte Arbeitsschritt der Probenpräparation beinhaltet die Herstellung einer elektrisch leitenden Oberfläche zur Vermeidung von Störsignalen während des Mikroskopievorganges. In zahlreichen Fällen ist es völlig ausreichend, die polierte Präparatoberfläche einer Bedampfung mit Kohlenstoff zu unterziehen, welche in speziellen eigens dafür konstruierten Apparaturen vorgenommen werden kann. Ein wesentliches Problem der Kohlenstoffbedampfung besteht in deren stark begrenzter Haltbarkeit. Da sich die Kohlenstoffschicht durch den permanenten Beschuss mit Primärelektronen nach kurzer Zeit auflöst, können lokale Aufladungszonen entstehen, die zu einer signifikanten Verfälschung des Rückstreuelektronensignals führen. Bei längeren mikroskopischen Arbeiten kann eine Besputterung der Präparatoberfläche mit Gold ins Auge gefasst werden. Diese besitzt zwar den Vorteil einer längeren Beständigkeit, führt jedoch auch zu einer generellen Reduktion des von den rückgestreuten Elektronen erzeugten Signals [1-3]. Neben der oben beschriebenen Präparation von Gesteinsproben spielt in den Material- und Erdwissenschaften auch die Präparation einzelner Kristalle für die Untersuchung im Rasterelektronenmikroskop eine nicht unbedeutende Rolle.

Die Kristalle stammen dabei entweder aus einem natürlichen Gestein oder gelten als Resultat eines künstlichen Wachstumsprozesses (Kristallzucht). Im erstgenannten Fall ist eine Extraktion jener Mineralphase aus dem Gestein vozunehmen, deren Kristalle von entsprechendem Interesse für eine elektronenmikroskopische Untersuchung sind. Wenn man sich diesen Extraktionsvorgang am Beispiel des akzessorischen Zirkons vor Augen führen möchte, so folgen auf mehrere Prozesse der Gesteinszerkleinerung und Siebung etliche Vorgänge der Mineraltrennung unter Zuhilfenahme verschiedenster mechanischer Apparaturen und chemischer Prozesse (Flotation, Nassrütteltisch, Magnetscheideprozess, Schweretrennung) [16-20].

Sobald die gewünschten Kristalle als isolierte Fraktion vorliegen, können sie einem Präparationsprozess zugeführt werden, der in manchen Schritten dem oben erläuterten Vorgang sehr ähnelt. Die Probenvorbereitung soll wiederum anhand von akzessorischem Zirkon, welcher in der Vergangenheit im Zentrum zahlreicher wissen-

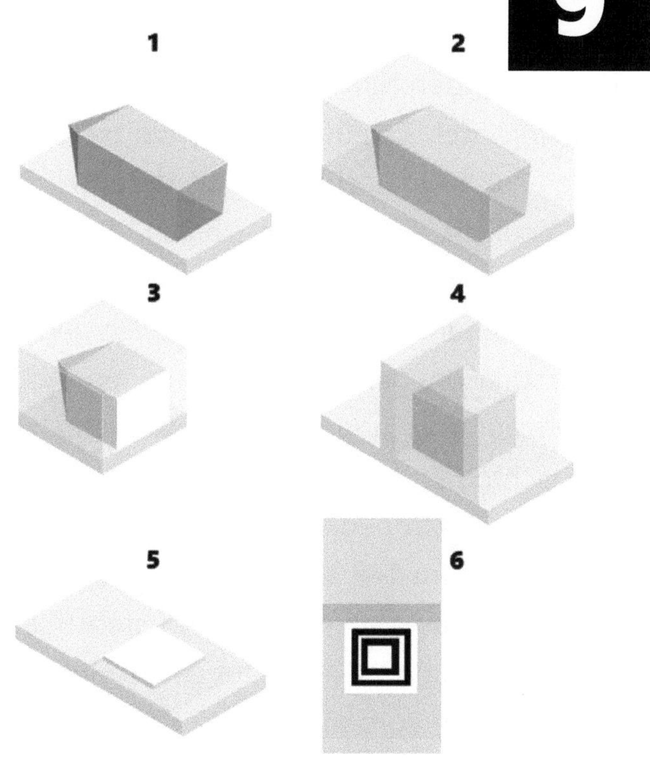

Kristallpräparation (Querschnitt) für die Rückstreu-elektronenmikroskopie am Beispiel des akzessorischen Zirkons: (1) Kristallfixierung, (2) Einbettung in Harzschicht, (3) Kristallhalbierung, (4) Fixierung der verbleibenden Kristallhälfte, (5) Herstellung eines Kristallplättchens, (6) Bedampfung.

schaftlicher Studien gestanden ist, zur Vorstellung gelangen. Gerade bei diesem als Kombination von Prismen und Pyramiden in Erscheinung tretenden Mineral besteht sehr häufig das Bedürfnis der Erzeugung orientierter Schnitte (Längs- und Querschnitte), mit deren Hilfe unterschiedliche Fragen hinsichtlich des Kristallwachstums oder in Bezug auf interne strukturelle Phänomene (z. B. Metamiktisierung, Einschlussphasen) geklärt werden können (Abb. 9). Die Erzeugung orientierter Kristallschnitte für die nachfolgende Dokumentation mithilfe des Rückstreuelektronenkontrastes setzt sich aus mehreren, zum Teil sehr zeitintensiven Arbeitsschritten zusammen. Am Anfang steht hier das Fixieren einzelner Kristalle auf einem Glasobjektträger. Dieser Vorgang gestaltet sich in der Regel besonders schwierig, da einzelne Kristalle von akzessorischem Zirkon lediglich über eine Länge von 100 bis 200 µm und eine Breite von 30 bis 80 µm verfügen. Das Ankleben der Zirkonkörner an die Glasoberfläche erfolgt daher unter dem Stereomikroskop, wobei die Kristalle mit einer Präpariernadel parallel zu den Längskanten des Objektträgers ausgerichtet und schließlich mit einem winzigen Tropfen Epoxidharz fixiert werden. Nach Vollendung des Fixierungsprozesses wird das gesamte Präparat mit einer 1 bis 2 mm mächtigen Harzschicht überdeckt, welche in erster Linie dafür sorgt, dass die Kristalle keiner nachträglichen Veränderung ihrer Position mehr unterzogen werden können. Diese Eigenschaft ist dringlich erforderlich, da der nächste Arbeitsschritt in der Halbierung der auf dem Glasobjektträger montierten Mineralkörner besteht. Ein derartiges Prozedere gelangt unter Anwendung eines intensiven Schleifprozesses zur Realisation, wobei Siliziumkarbid (SiC) mit grober und mittlerer Körnung als Schleifmittel der Wahl herangezogen werden kann [13, 21, 22].

Das auf Basis eines intensiven Schleifvorganges halbierte Kristallpräparat wird in einem weiteren Schritt auf einem zweiten Glasobjektträger montiert, wobei die verbleibende Hälfte gleichsam auf den Probenträger gestellt und wiederum unter Zuhilfenahme von Epoxidharz fixiert wird. Hier ist insbesondere eine möglichst hohe Stabilität des Präparates herzustellen, da der nächste Arbeitsschritt das Abschleifen des Kristalls vom anderen Ende her beinhaltet. Dieser Vorgang wird solange fortgeführt, bis ein Kristallplättchen mit einer Dicke von ungefähr 50 µm entstanden ist. Diese Dicke des Querschnittes ist erforderlich, um durchlichtmikroskopische Voruntersuchungen an den einzelnen Mineralkörnern tätigen zu können. Nach Beendigung des präzisen Schleifprozesses erfolgt wiederum eine Oberflächenpolitur unter Verwendung von Diamantpasten mit unterschiedlicher Körnung. Der Arbeitsvorgang findet in der Bedampfung des Präparates zur Erzeugung einer leitfähigen Oberfläche sein Ende [13, 21, 22].

In der modernen Kristallografie steht häufig die Untersuchung des Wachstums einzelner Kristallflächen im Zentrum des wissenschaftlichen Interesses. Um den gesamten Wachstumsprozess eines gegebenen Mineralkorns einer genaueren Studie unterziehen zu können, ist die Anwendung einer Kombination von Kristallschnitten notwendig. Wenn man sich wiederum das oben im Detail behandelte Beispiel des akzessorischen Zirkons vor Augen führt, kann ein genauer Einblick in das prismatische und pyramidale Wachstum nur durch Anfertigung von Längs- und Querschnitten erreicht werden. Die dazu notwendigen Arbeitsschritte sind in Abb. 10 zusammengefasst und sollen einer kurzen Erläuterung zugeführt werden [13, 23-25].

Zu Beginn des Präparationsprozess steht auch hier die Fixierung einzelner Kristalle auf einem Glasobjektträger mit entsprechendem, für die Rasterelektronenmikroskopie nutzbarem Standardmaß. Die Ausrichtung und Montage der Mineralkörner erfolgt auf ganz identische Art und Weise wie bei der in Abb. 9 dargestellten Querschnittmethode. Nach ihrer Fixierung auf dem Objektträger werden die Kristalle in eine Schicht aus Epoxidharz eingebettet, um eine nachträgliche Positionsveränderung der Mineralkörner so weit wie möglich zu vermeiden. Das Präparat wird in weiterer Folge einem Schleif-

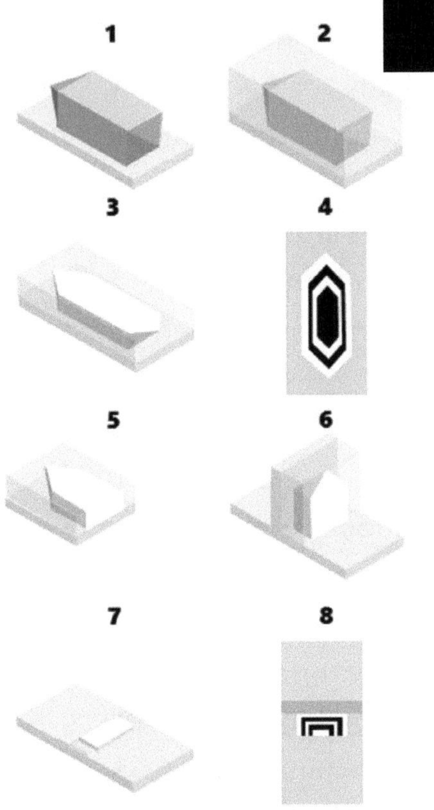

Kombinierte Kristallschnitttechnik: (1) Kristall-montage auf Objektträger, (2) Einbettung in Epo-xidharz, (3) Längsschnitt, (4) Untersuchung, (5) Halbierung, (6) neuerliche Montage, (7) Erzeu-gung eines Kristallplättchens, (8) Untersuchung.

prozess unterzogen, welcher die Erzeugung eines medianen, also genau durch die Kristallmitte verlaufenden Längsschnittes zum Resultat hat. Dieser Vorgang ist in der Regel unter Zuhilfenahme mittel- bis feinkörniger Schleifpulver durchzuführen und gestaltet sich aufgrund der Winzigkeit der Kristalle zumeist als äußerst schwierige Aufgabe. Die Kontrolle der Schnittposition erfolgt dabei unter dem Stereomikroskop. Nach Beendigung des Prozederes ist die entstandene Schnittfläche einer intensiven Politur zu unterziehen, wofür wiederum sehr feinkörnige Diamantpasten zur Verwendung kommen. Die fertiggestellten Längsschnitte der Zirkonkristalle werden abschließend mit Kohlenstoff bedampft und im Rasterelektronenmikroskop unter Herstellung von Rückstreuelektronenkontrastbildern analysiert [13, 23-25].

Nachdem die mikroskopische Untersuchung der Längsschnitte abgeschlossen worden ist, wird die Kristallhälfte dem oben erläuterten Prozedere zur Erzeugung eines Querschnittes zugeführt. Dies bedeutet konkret, dass das noch zur Hälfte vorhandene Mineralkorn unter Anwendung aufwändiger Schleiftechniken der Länge nach halbiert wird. Der, wenn man so will, geviertelte Kristall wird in aufgestellter Position auf einem zweiten Glasobjektträger montiert, wobei die Verwendung von ausreichend Epoxidharz für eine entsprechende Stabilität der Konstruktion sorgen soll. Der letzte Schleifprozess sieht schließlich wiederum die Erzeugung eines möglichst dünnen, für die Durchlichtmikroskopie geeigneten Kristallplättchens vor, welches einem intensiven Prozess der Politur mit Diamantpasten unterzogen wird. Das fertige Präparat wird mit Kohlenstoff bedampft und unter Zuhilfenahme des Rückstreuelektronenkontrastes dokumentiert [13, 23-25].

Mithilfe der kombinierten Kristallschnitttechnik konnten in den vergangenen Jahrzehnten eindrucksvolle Resultate in Bezug auf das Wachstum von akzessorischem Zirkon erhalten werden (siehe Kap. 3). Die gezielte Anwendung der oben beschriebenen Technik und nachfolgende elektronenmikroskopische Studie haben jedoch auch dazu geführt, dass sich immer wieder neue Fragen in Bezug auf den genauen Wachstumsverlauf magmatischer Kristalle eröffnen. So wird gegenwärtig nach jenen physikalischen und chemischen Faktoren gesucht, welche für die Wachstumsblockade einzelner Flächen verantwortlich zeichnen und somit die Generierung spezifischer Kristallformen bedingen [25].

Aus dem in Abb. 10 dargestellten Kristallpräparationsschema ist klar ersichtlich, dass die bei einem Einzelkristall durchgeführte Kombination zweier Schnitttechniken zwangsläufig den Verlust der ersten Schnittlage zur Folge hat. Bei akzessorischem Zirkon wird der durch ein mühsames Prozedere hergestellte Längsschnitt zugunsten des Querschnittes geopfert. Für die elektronenmikroskopische Bildgebung bedeutet dies freilich, dass die Fotografien der Längsschnitte keinerlei Makel aufweisen sollten, da eine nachträgliche Bilderzeugung nicht mehr möglich ist. Dieser, wenn man so will, Negativfaktor lässt sich im Zeitalter des Digitalbildes relativ leicht ausräumen.

2.3 Erzeugung von BSE-Bildern an der Elektronenstrahlmikrosonde

Für die Erzeugung von Bildern, welche auf dem Rückstreuelektronenkontrast basieren, kann als Alternative zum herkömmlichen Rasterelektronenmikroskop auch die Elektronenstrahlmikrosonde herangezogen werden. Diese Apparatur zeichnet sich im Wesentlichen dadurch aus, dass in ihr die elektronenmikroskopische Bildgebung und chemische Mikroanalyse der Probe zur Vereinigung gelangen. In ihrem Grundaufbau ist die Elektronenstrahlmikrosonde sehr stark an das Rasterelektronenmikroskop angelehnt (Abb. 11). Auch hier wird der primäre Elektronenstrahl in einer speziellen Kathode erzeugt, in einem sogenannten Wehneltzylinder gebündelt und zu einer mit Durchtrittsöffnung versehenen Anode beschleunigt. Über ein spezielles Magnetlinsen- und Filtersystem wird die in Kap. 1 beschriebene rasterförmige Abtastung der Probe herbeigeführt. Die rückgestreuten Elektronen werden durch einen schräg zur Mikroskopsäule orientierten Detektor erfasst, wobei die entstehenden elektrischen Signale über einen spezifischen Analysator in Graustufen umgewandelt werden, welche ihrerseits als Basis für die Bildgebung dienen [1-5, 25].

Für die bereits angesprochene mikrochemische Analyse finden in der Regel zwei verschiedene Messsysteme ihre gezielte Anwendung. Hier ist zunächst das wellenlängendispersive System zu nennen, bei dem die von einem bestimmten Element emittierte Röntgenstrahlung (K_α, L_α, M_α usw.) an speziellen Kristallen (LiF, PET, TaP) gemäß ihrer Wellenlänge gebeugt und in weiterer Folge sowohl qualitativ als auch quantitativ analysiert wird. Je höher dabei die festgestellte Quantität einer elementspezifischen Strahlung ist, desto höher ist auch die Konzentration dieses Elementes in der zu untersuchenden Probe. Beim sogenannten energiedispersiven System wird die von den einzelnen Elementen infolge des Primärelektronenbeschusses abgegebene Strahlung nicht nach ihrer Wellenlänge, sondern nach ihrer Energie untersucht, wobei Energie und Wellenlänge gemäß der For-

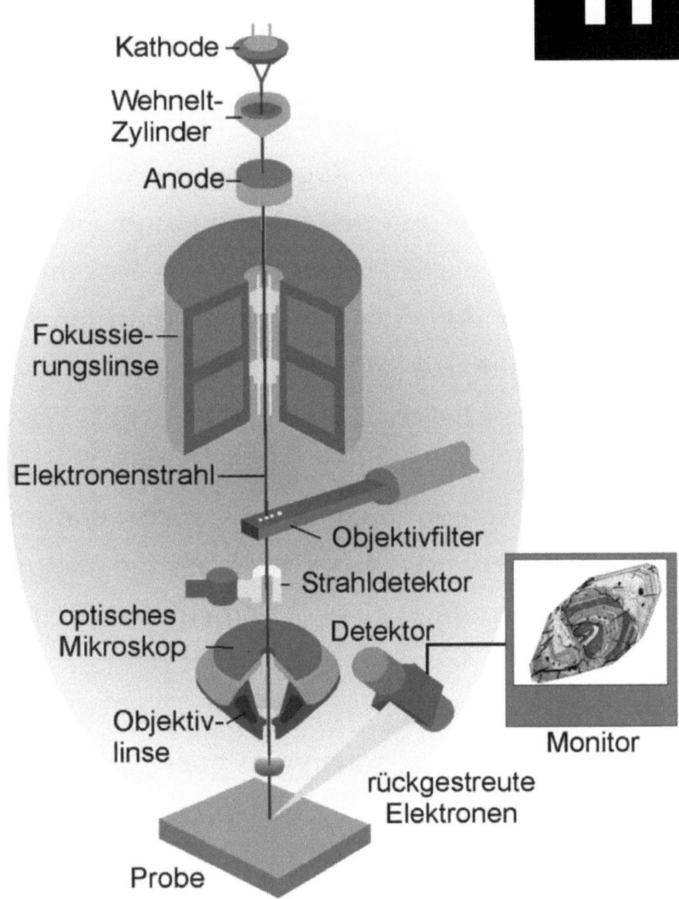

Aufbau der Elektronenstrahlmikrosonde zur Erzeugung des Rückstreuelektronenkontrastes.

mel $E = h \cdot (c / \lambda)$ eine indirekte Proportionalität zueinander aufweisen. Dies bedeutet schlicht und einfach, dass Strahlung mit kleinerer Wellenlänge über höhere Energie verfügt, wohingegen Strahlung mit größerer Wellenlänge kleinere Energie besitzt. Die Auftrennung der aus der Probe emittierten Strahlung nach Energie erfolgt durch die Verwendung eines speziellen Halbleiterdetektors, der wiederum einzelne Röntgenquanten in elektrische Impulse umzuwandeln vermag [25-27].

Für die BSE-Fotografie wurden an der Elektronenstrahlmikrosonde (Typ Jeol-8700) jene Standardeinstellungen übernommen, welche sich schon in zahlreichen früheren Studien als zweckmäßig erwiesen hatten. Konkret bedeutet dies, dass die einzelnen Aufnahmen der Proben unter Verwendung eines Elektronenstrahlstroms von 40 nA und einer Beschleunigungsspannung der Primärelektronen von 15 beziehungsweise 20 kV getätigt wurden. Der Durchmesser des Elektronenstrahls belief sich bei den einzelnen fotografischen Dokumentationen auf ungefähr 1 μm.

Die fotografischen Aufnahmen wurden bei früheren Studien unter Zuhilfenahme einer analogen Großformatkamera durchgeführt, wohingegen in späteren Untersuchungen ein digitales Kamerasystem zur Anwendung gelangte. Die an der Elektronenstrahlmikrosonde erstellten BSE-Aufnahmen wurden allesamt in einer digitalen Datenbank gespeichert und in einzelnen Ausnahmefällen einer Nachbearbeitung zugeführt. Für die vorliegende Monografie wurden ausnahmslos solche BSE-Fotografien verwendet, welche frei von jeglichen, durch Aufladung erzeugten Artefakten sind [25-27].

Im nachfolgenden Kapitel sollen einige material- und erdwissenschaftliche Problemfelder zur Vorstellung gelangen, bei denen mithilfe des Rückstreuelektronenbildes Antworten auf offene Fragen gefunden werden konnten. Im Mittelpunkt steht dabei unter anderem jenes bereits weiter oben behandelte akzessorische Mineral Zirkon, welches sich aufgrund seiner physikalischen Eigenschaften als prädestiniert für die elektronenmikroskopische Präparation erweist.

Anwendungen 3

3.1 Metamorphe Mineralumwandlungs- prozesse im BSE-Bild

Die Rückstreuelektronenmikroskopie stellt eine effiziente Methode zur Untersuchung von Mineralumwandlungsprozessen in metamorphen Gesteinen dar. Zu diesem Zweck sind von einzelnen Gesteinsproben orientierte Schnittpräparate nach dem in Kap. 2.2 vorgestellten Verfahren herzustellen. Jedes im Rückstreuelektronenbild auftretende Mineral kann anhand seiner Morphologie und seines Grauwertes relativ leicht identifiziert werden, wobei anhand ergänzender mikrochemischer Analysen die genauen elementaren Zusammensetzungen der verschiedenen mineralischen Komponenten zu eruieren sind [28-30].

Als besonders geeignete Untersuchungsobjekte für die BSE-Mikroskopie gelten ohne Zweifel jene granathaltigen Grüngesteine, welche im Laufe von vielen Jahrmillionen mehrere Metamorphoseereignisse durchlaufen haben und im südlichen Bereich der Tauernregion in Österreich aufgeschlossen sind. Die in der Wissenschaft auch als Prasenite bezeichneten Gesteine setzen sich in der Hauptsache aus Granat, Omphazit, Hornblende, Plagioklas und Epidot beziehungsweise Klinozoisit zusammen, wobei die zuletzt genannte Mineralgruppe im Zuge des Hebungsprozesses der regionalen Lithologie und einer damit assoziierten retrograden Metamorphose (Diaphthorese) entstanden ist [28-32].

Im elektronenmikroskopischen Bild bildet der retrograd gebildete Epidot beziehungsweise Klinozoisit oftmals einen Saum um große idiomorphe Granatkristalle, an welchen sich nach außen hin noch Hornblende und Plagioklas anschließen (Abb. 12). Dieses einzigartige mineralische Arrangement legt die Vermutung nahe, dass Epidot (Klinozoisit) durch eine entsprechende Zerfallsreaktion aus den anderen Mineralen hervorgegangen ist, wobei ein in der Reaktion auf-

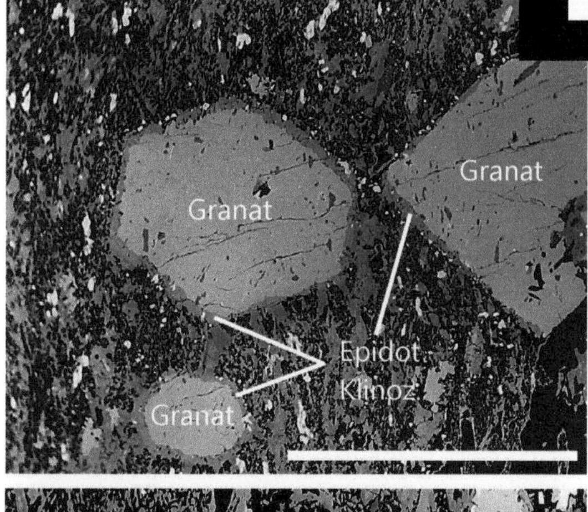

Rückstreuelektronenkontrastbilder von Granaten, welche einen randlichen Abbau in Epidot beziehungsweise Klinozoisit erfahren (Balken: 1 mm).

tretender Eisenüberschuss durch die zusätzliche Bildung von Magnetit zur Kompensation gelangte. Aktuelleren Studien zufolge geht man davon aus, dass die Epidot- oder Klinozoisitkristallisation bei lithologischen Drücken unter 5 kbar (0,5 GPa) und Temperaturen unter 500°C einsetzte [30, 31].

Prinzipiell besteht eines der Hauptresultate der retrograden Metamorphose darin, ein vornehmlich aus Hochdruck- beziehungsweise Hochtemperaturphasen bestehendes Mineralensemble in ein solches aus Niedrigdruck- beziehungsweise Niedrigtemperaturphasen zu überführen. Einzelne Zwischenstadien dieses diaphthoretischen Umwandlungspfades können dabei im Gestein erhalten bleiben, da der Metamorphose durch einen schnellen erosiven Aufstieg des Gesteins zu wenig Zeit zu ihrer Vollendung geboten wurde [30, 31].

Wie anhand des nächsten Bildbeispiels sehr eindrucksvoll zu Darstellung gelangt, wird in den oben erwähnten Grüngesteinen nicht nur Granat einem retrograden Abbau unterzogen, son-

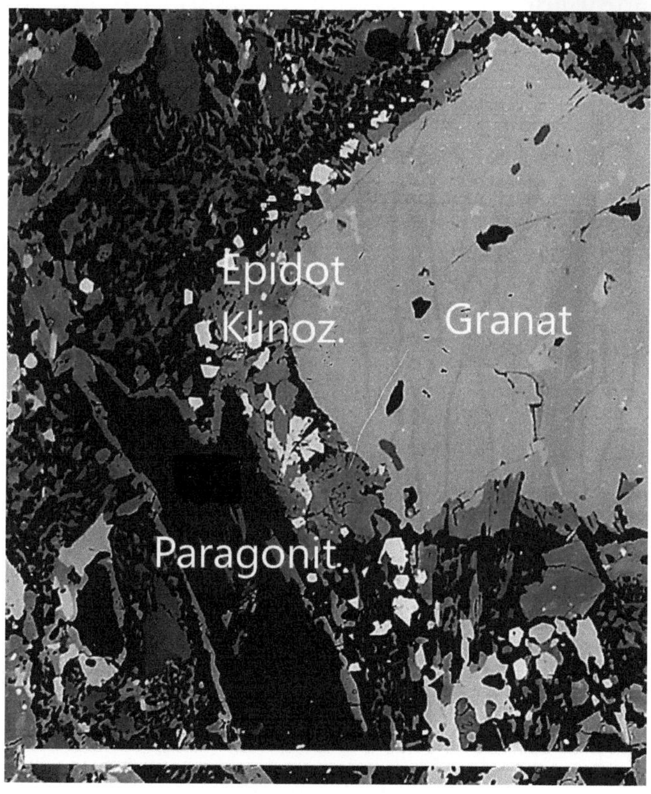

Rückstreuelektronenkontrastbild von Granat und Paragonit mit randlichem Abbau in Epidot beziehungsweise Klinozoisit erfahren (Balken: 1 mm).

dern auch das bei hohen lithologischen Drücken zum Vorschein kommende Schichtsilikat Paragonit, wobei auch hier eine entsprechende Saumbildung aus Epidot beziehungsweise Klinozoisit beobachtet werden kann (Abb. 13). Da Paragonit eine in nicht unerheblichem Maße aus Natrium bestehende Mineralphase repräsentiert, ist davon auszugehen, dass das Schichtsilikat gemeinsam mit der ebenfalls auftretenden Hornblende zu Epidot (Klinozoisit) und albitischem Plagioklas transformiert wurde. Diese Reaktion findet unter sehr ähnlichen Druck-Temperatur-Bedindungen wie der oben erörterte Granatabbau statt [28-31].

Eine unter hohen Temperaturen (über 600°C) und relativ niedrigen lithologischen Drücken entstehende Mineralphase ist das Ringsilikat Cordierit, der unter anderem in den regionalmetamorph überprägten Gesteinen des österreichischen Mühlviertels vorzufinden ist. Das Mineral kann aufgrund seiner charakteristischen Risse und seines Pleochroismus sehr leicht unter dem Lichtmikroskop identifiziert werden und erfährt

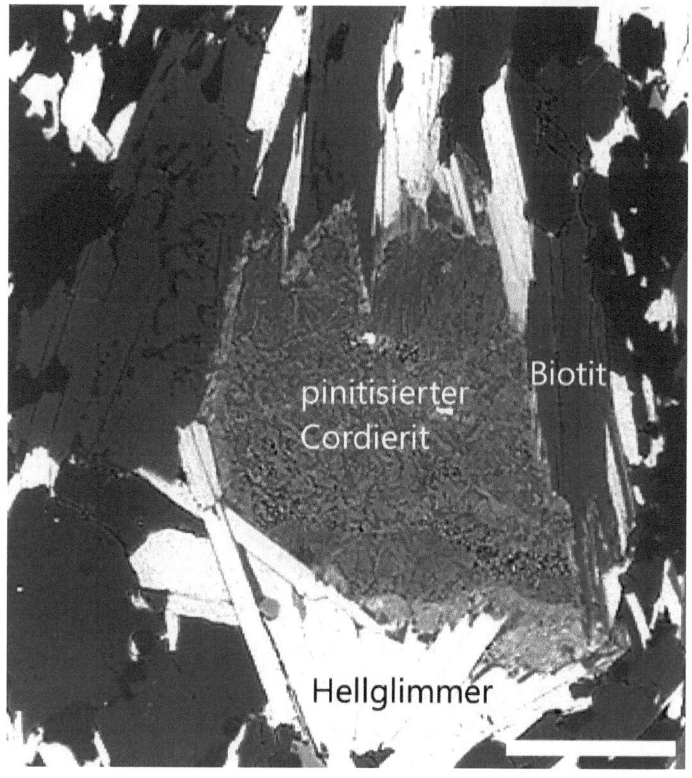

Rückstreuelektronenkontrastbild eines Cordierits, welcher durch Pinitisierung in Chlorit und Hellglimmer umgewandelt wurde (Balken: 1 mm).

im Zuge von Hebungsereignissen und damit verbundenen kontinuierlichen Verringerungen von Druck und Temperatur ebenfalls eine retrograde Umwandlung. Diese wird in der Fachsprache als Pinitisierung bezeichnet und stellt die allmähliche Transformation des Ringsilikats in Chlorit und Hellglimmer dar (Abb. 14). Im Rückstreuelektronenbild ist sehr gut zu erkennen, dass der Pinitisierungsprozess in einer sogenannten Pseudomorphose resultiert. Dies bedeutet, dass die neu gebildeten Mineralphasen exakt die Gestalt des alten Cordieritkristalls nachbilden [32]. Aus thermodynamischen Studien konnte insbesondere in den vergangenen Jahrzehnten die Erkenntnis gewonnen werden, dass die Pinitisierung von Cordierit bei Überschreitung einer Temperatur von ca. 500°C einsetzt. Dieser thermische Wert markiert die Grenze zwischen höher temperierter Amphibolitfazies auf der einen Seite und niedriger temperierter Grünschieferfazies auf der anderen. Je nach Hebungsgeschwindigkeit des Gesteins werden mehr oder weniger Cordieritkristalle von der Umwandlung erfasst [32-35].

3.2 Typen der Zonierung bei akzessorischem Zirkon

Das Mineral Zirkon zeichnet sich unter anderem dadurch aus, dass es im Rückstreuelektronenbild mitunter eine intensive Zonierung erkennen lässt, welche sich aus unterschiedlich breiten und hellen Wachstumsinkrementen (Wachstumsstreifen) zusammensetzt. Zahlreiche elektronenmikroskopische Studien der vergangenen Jahrzehnte gelangten zu dem Ergebnis, dass bei Zirkon unterschiedliche Typen der Zonierung vorliegen, die insbesondere im Querschnittbild sehr gut dokumentiert werden können. Grundsätzlich ist vorauszuschicken, dass magmatische Kristalle im Zuge ihrer Kristallisation aus der Schmelze ein chemisches Gleichgewicht mit ihrem umgebenden Milieu anstreben, welches jedoch durch zahlreiche physikalische und chemische Faktoren ständigen Störungen und Verschiebungen unterliegt. Diese Beeinträchtigungen des Gleichgewichts äußern sich im BSE-Bild unter anderem durch Zonen unterschiedlicher Helligkeit [21-27].

Als erster Typ der Zonierung von akzessorischem Zirkon kann die sogenannte Wachstumszonierung angesehen werden, welche sich durch eine rasche Abfolge schmaler Anwachsstreifen unterschiedlicher Helligkeit auszeichnet. Man spricht in diesem Zusammenhang auch von einem rasch oszillierenden Zonarbau (Abb. 15). Die sehr schmalen Wachstumsinkremente deuten darauf hin, dass die Schmelze raschen Veränderungen in Bezug auf ihre physikalischen Eigenschaften (Temperatur, Druck) und chemische Zusammensetzung unterzogen wird. Diese stetigen Modifikationen verhindern die Einstellung eines dauerhaften Reaktionsgleichgewichtes zwischen Festkörper und Schmelze und führen zu ständig veränderten Reaktionsbedingungen. Dies bedeutet zum Beispiel, dass eine kurzzeitige Übersättigung der Schmelze mit Schwerelementen wie Uran oder Thorium auch zu einem vermehrten Einbau dieser Elemente in den Zirkonkristall führt, eine Übersättigung der Schmelze mit Zirkonium hingegen die präferierte Insertion dieses Elementes bewirkt [25-27, 36].

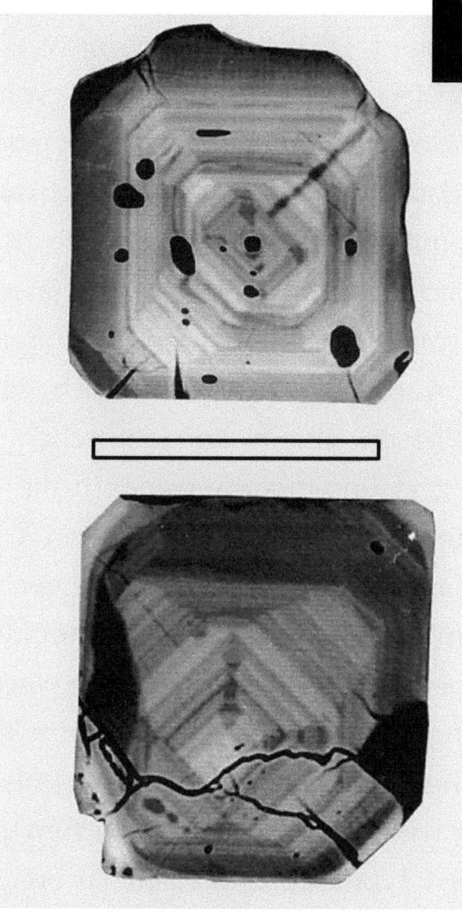

Querschnittsbilder von Zirkonkristallen, welche eine rasch oszillierende Wachstumszonierung aufweisen (Balken: 50 μm).

Wie es zu den rapiden Veränderungen in jenem den Zirkonkristall umgebenden Kristallisationsmilieu kommt, ist bislang noch nicht eindeutig geklärt. Die regelmäßige Abfolge von hellen und dunklen Wachstumsstreifen lässt jedoch vermuten, dass Zirkon in einer Art Wachstumskonkurrenz mit anderen akzessorischen Mineralen und Schichtsilikaten steht, welche jeweils zum Einbau von Schwerelementen in größerer Konzentration befähigt sind. Da auch zahlreiche dieser Phasen einem konzentrischen Wachstumsprozess unterliegen, wandern die Schwerelemente einmal bevorzugt in deren Kristallgitter, das andere Mal hingegen mit einer entsprechenden Präferenz in das Zirkongitter [36, 37]. Eine neben der oben beschriebenen Wachstumszonierung sehr weit verbreitete Form des konzentrischen Schalenbaus ist die chemische Zonierung, welche sich im Vergleich zum vorangegangenen Typus durch wesentlich breitere und farblich klarer differenzierbare Wachstumsinkremente auszeichnet. Zirkonkristalle mit chemischer Zonierung verfügen in der Regel über eine begrenzte Anzahl an Wachstumsstreifen, die zumeist deutlich voneinander abgesetzt sind (Abb. 16). Jedes Inkrement repräsentiert dabei eine spezifische Gleichgewichtsphase zwischen wachsendem Kristall auf der einen Seite und magmatischer Schmelze auf der anderen. Im Gegensatz zur Wachstumszonierung deutet die chemische Zonierung auf eine länger andauernde Konstanz der physikalischen und chemischen Bedingungen in der Schmelze hin, so dass der Zirkonkristall auch entsprechend längere Phasen des ungestörten Wachstums durchlaufen kann [21-27, 36, 37].

Bei der chemischen Zonierung ist im Wesentlichen davon auszugehen, dass der im Wachstum begriffene Zirkonkristall in keiner wie auch immer gearteten Konkurrenz zu anderen mineralischen Phasen steht. Dies ist beispielsweise dann der Fall, wenn das akzessorische Mineral als Einschlussphase einer relativ früh kristallisierenden Hauptkomponente des späteren Magmatits auftritt und dabei unter anderem die Funktion eines Auffangbeckens für mit dem Wirtsmineral

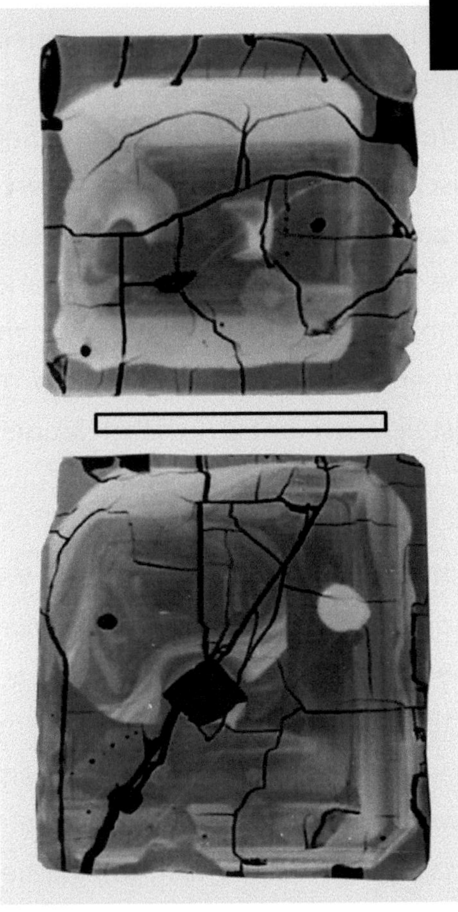

Querschnittsbilder von Zirkonen, welche eine durch wenige Wachstumsinkremente gekennzeichnete chemische Zonierung aufweisen (Balken: 50 µm).

inkompatible Elemente übernimmt. An dieser Stelle darf freilich nicht unerwähnt bleiben, dass Wachstumszonierung und chemische Zonierung keineswegs auf bestimmte Gesteinstypen beschränkt bleiben, sondern beide auch nebeneinander innerhalb derselben Zirkonpopulation in Erscheinung treten können. Daher soll in zukünftigen wissenschaftlichen Studien das Hauptaugenmerk unter anderem darauf gelenkt werden, in welchen Mineralen Zirkonkristalle mit dem jeweiligen Zonierungstypus bevorzugt auftreten. Interessant ist hier sicherlich auch die Frage, ob sich die Art des Zonarbaus in irgendeiner Art und Weise im Kristallhabitus widerspiegelt.

Der letzte, im Rahmen dieser kurzen Zusammenschau zur näheren Behandlung kommende Zonierungstyp umfasst die sogenannte Sektorzonierung, welche bei akzessorischem Zirkon ein etwas selteneres Phänomen darstellt, jedoch im Rückstreuelektronenbild durchaus spektakulär aussieht und dementsprechend gut identifizierbar ist (Abb. 17). Die Sektorzonierung re-

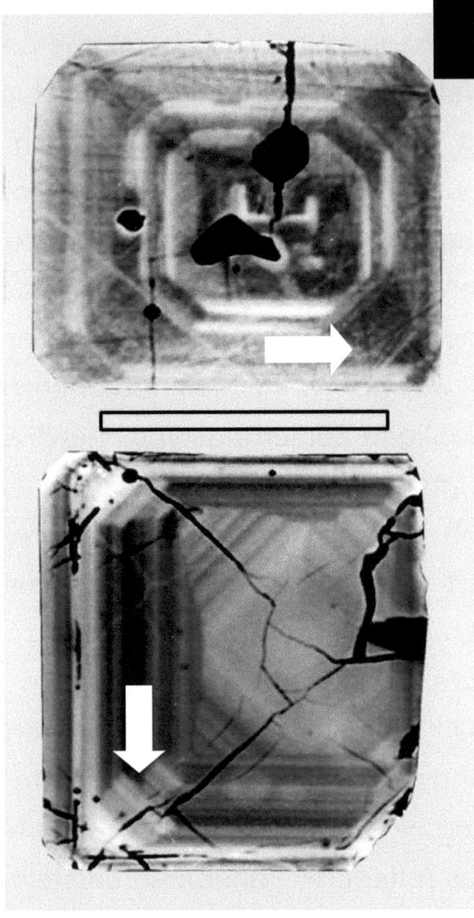

Querschnittsbilder von Zirkonen, welche eine Zonierung zwischen den einzelnen Wachstumssektoren aufweisen (Pfeile, Balken: 50 µm).

präsentiert eine Graustufendifferenz zwischen den jeweiligen Wachstumssektoren des Kristalls. Bei quergeschnittenen Zirkonkörnern tritt dieser farbliche Unterschied konkret zwischen jenen Sektoren auf, welche von den Prismenformen {100} und {110} eingenommen werden. Neueren kristallchemischen Studien zufolge ist die Sektorzonierung bei akzessorischem Zirkon im Wesentlichen darauf zurückzuführen, dass schwere Elemente wie Uran, Thorium, Hafnium oder Seltene Erden eine gewisse Präferenz für ihren Einbau in den {110}-Sektor zeigen und dadurch mit entsprechend geringerer Konzentration im {100}-Sektor anzutreffen sind. Dies wiederum hat im Rückstreuelektronenbild die hellere Darstellung des {110}-Sektors und dunklere Abbildung des {100}-Sektors zur Folge [21-27, 36-38].

Es ist hier abschließend noch die Anmerkung zu tätigen, dass alle oben genannten Zonierungstypen auch im Kristalllängsschnitt beobachtet werden können. Die Sektorzonierung tritt hier entsprechend zwischen den beiden pyramidalen Formen {101} und {211} auf.

3.3 Zerstörung der internen Kristallstruktur am Beispiel von Zirkon

Minerale, welche durch einen erhöhten Gehalt an radioaktiven Elementen wie Uran oder Thorium gekennzeichnet sind, können infolge des radioaktiven α-Zerfalls eine massive Zerstörung ihrer Kristallstruktur erfahren. Dieses Phänomen lässt sich besonders gut an einzelnen Körnern von akzessorischem Zirkon beobachten, wobei am Ende des sogenannten metamiktischen Prozesses ein amorphes, durch erhöhte Porosität charakterisiertes Gefüge steht [25, 38, 39]. Anhand des Rückstreuelektronenbildes können verschiedene Grade der radioaktiven Zerstörung des Zirkongitters differenziert werden. Dies soll in weiterer Folge an den Kristalllängsschnitten der Abb. 18 näher demonstriert werden. Grundsätzlich wird die zunehmende Desintegration des Kristallgitters dadurch hervorgerufen, dass jene von den radioaktiven Elementen emittierten α-Partikel zur Lösung umliegender Ionenbindungen führen, wodurch in letzter Konsequenz einzelne Atome aus ihrem Verband entfernt werden und entsprechende Symmetrien innerhalb der Elementarzelle verloren gehen. In ihrem Frühstadium äußert sich der metamiktische Prozess durch das Auftreten einzelner heller Punkte und Fehlstellen (Löcher) auf der Schnittfläche des Kristalls. Während die hellen Punkte im Rückstreuelektronenkontrast auf eine erhöhte Konzentration an schweren radioaktiven Elementen hindeuten, repräsentieren die Löcher bereits kleinere Areale der Zerstörung des Kristallgitters [25].

Mit zunehmender Metamiktisierung nimmt der Grad der Porosität des Kristallgitters zu. Zudem wandelt sich die Struktur kontinuierlich in eine amorphe Masse um, welche sich im BSE-Bild durch relativ einheitlichen Kontrast auf der einen Seite und das Fehlen orientierter Risse auf der anderen auszeichnet. Die metamiktische Zone bleibt in der Regel auf das Kristallzentrum beschränkt, während in den Randbereichen einzelner Körner normales Wachstum beobachtet werden kann. Dieses, wenn man so will, zentrale Auftreten der Kristallzerstörung ist unter ande-

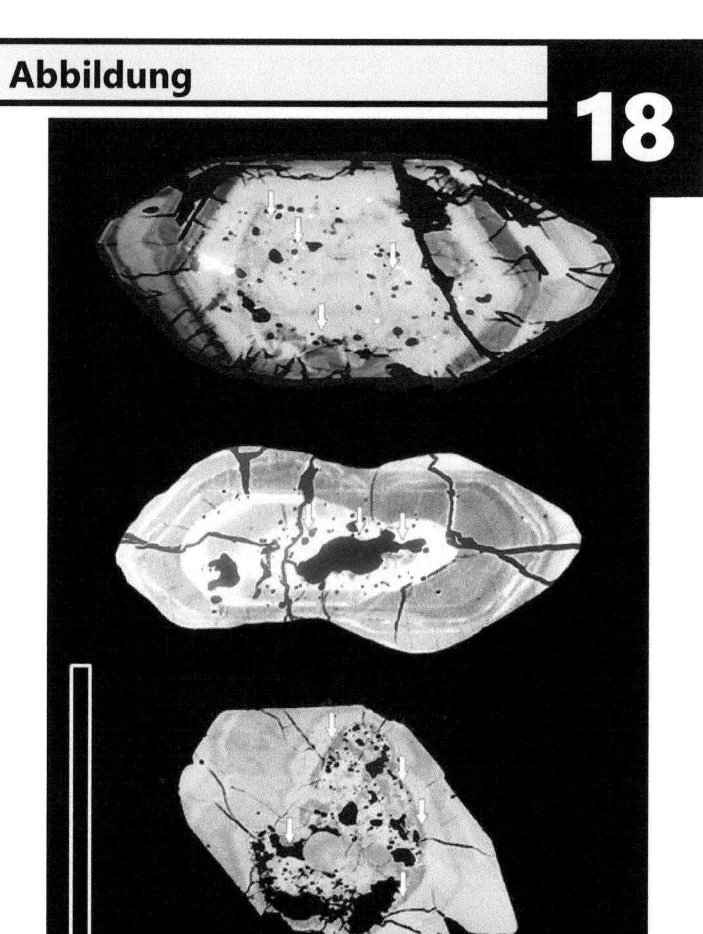

Kristalllängsschnitte von akzessorischem Zirkon mit unterschiedlichen Graden der Zerstörung des zentralen Kristallgitters infolge des radioaktiven α-Zerfalls (Pfeile, Balken: 100 μm).

rem dem Umstand zu verdanken, dass die radioaktiven Elemente Uran und Thorium über eine gute Kompatibilität mit dem Hauptelement Zirkonium verfügen, so dass sie sich gut in das Kristallgitter von akzessorischem Zirkon einzufügen vermögen. Dies wiederum hat zur Folge, dass derartige Elemente im Gegensatz zu ihren inkompatiblen Entsprechungen bereits sehr früh innerhalb des Kristallisationsprozesses in das Gitter eingebaut werden können und dadurch gleichsam im Kristallzentrum eine Akkumulation erfahren [25, 38, 39].

Das Endstadium der Kristallzerstörung durch radioaktiven α-Zerfall ist im Wesentlichen dadurch gekennzeichnet, dass das gesamte Kristallzentrum im Rückstreuelektronenkontrastbild eine poröse bis schwammartige Struktur aufweist. Die einstige Kristallsymmetrie ist in diesem Bereich zur Gänze verloren gegangen und einem amorphen Gebilde gewichen. Stark metamiktisierte Zirkonkörner weisen oftmals einen deutlichen Verlust an Stabilität auf, wodurch sich ihre Präparation für die Elektronenmikroskopie mitunter äußerst schwierig gestalten kann und mehr Zeit in Anspruch nimmt [25].

Das oben erläuterte Phänomen der Kristallgitterzerstörung durch radioaktiven α-Zerfall lässt sich natürlich genauso gut bei Querschnitten von akzessorischem Zirkon beobachten (Abb. 19). Im BSE-Bild prägt sich hier meist der deutliche Gegensatz zwischen amorpher Zone im Zentrum und symmetrischen Wachstumszonen am Rand heraus. Gerade die Fotografien der Zirkonquerschnitte geben sehr klar zu erkennen, dass der Grad der Metamiktisierung in direktem Zusammenhang mit der Menge an in das Kristallgitter eingebauten Radioaktivelementen steht. Demzufolge neigen jene zentralen Zonen, welche im Rückstreuelektronenkontrast sehr hell erscheinen, deutlich stärker zur strukturellen Zerstörung als vergleichsweise dunkle Zonen. Für die Erforschung des Wachstums magmatischer Kristalle erweist sich die fortgeschrittene Metamiktisierung als nachteilig, da sie einzelne Wachstumszonen vollständig zerstört. Metamiktisierte Kristalle finden auch bei der Untersu-

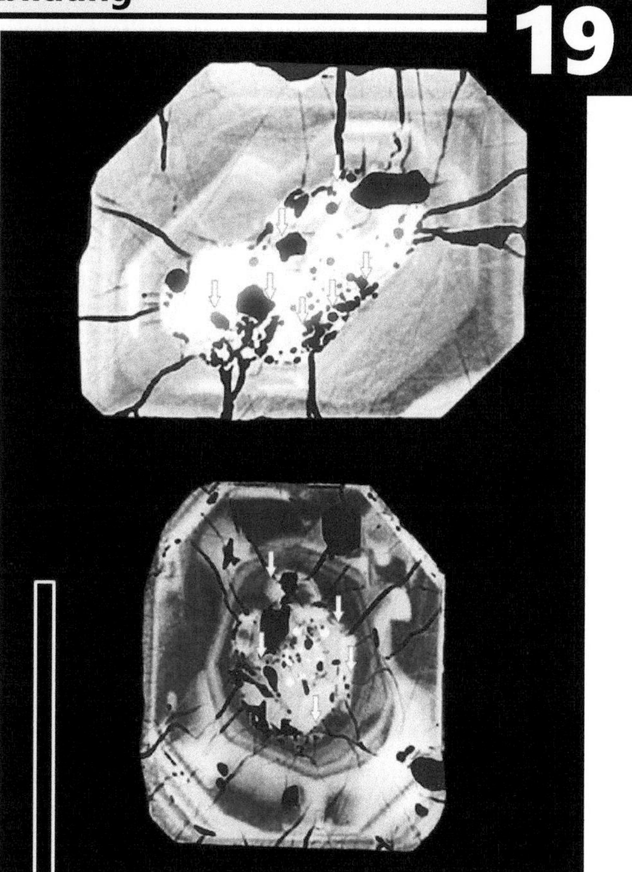

Kristallquerschnitte von akzessorischem Zirkon mit zentralen, durch hohen Grad der Metamikti- sierunggekennzeichnetenBereichen(Pfeile,Balken: 30 μm).

chung von Einschlussphasen und in der Altersdatierung nur eine geringfügige Verwendung.

3.4 Wachstumsverläufe bei Kristallen von akzessorischem Zirkon

Das akzessorische Mineral Zirkon zeichnet sich durch seine aus zwei Pyramiden ({101, {211}) und zwei Prismen ({100}, {110}) zusammengesetzte Kristallform aus (bipyramidaler biprismatischer Kristallhabitus). Sowohl die beiden Pyramiden als auch die beiden Prismen treten selten mit identischer Prominenz auf, wobei die flächenmäßige Dominanz einer bestimmten geometrischen Form von einer Vielzahl an physikalischen und chemischen Faktoren abhängt. Alle durch unterschiedliche Akzentuierung der jeweiligen Pyramiden und Prismen entstehenden Kristallformen haben im sogenannten Typologie-Diagramm, welches in den frühen 1970er Jahren von den französischen Petrologen Pupin und Turco ins Leben gerufen worden war, ihre detaillierte Auflistung erfahren [40]. Heute besitzt man gute Kenntnisse darüber, dass unter bestimmten Bedingungen auskristallisierte magmatische Gesteine auch eine bestimmte Zirkonpopulation mit entsprechender Kristallgeometrie enthalten. Wenn man sich das Wachstum der einzelnen geometrischen Formen von akzessorischem Zirkon etwas näher vor Augen führt, kann man zunächst davon ausgehen, dass dieses in frühen bis mittleren Stadien der magmatischen Kristallisation stattfindet. Diese Hypothese wird durch das Auftreten von Zirkonkörnern als Einschlussphasen in entsprechenden Frühkristallisaten (Kalifeldspat, Biotit) unterstützt. Wie schon in Kap. 3.2 sehr deutlich demonstriert werden konnte, erfolgt das Wachstum von akzessorischem Zirkon durch die permanente Anlagerung von Wachstumsstreifen oder -zonen, wobei derartige Wachstumsinkremente je nach chemischer und thermischer Variabilität des Magmas sehr schmal oder sehr breit ausfallen können [25, 41, 42].

Bei Berücksichtigung all jener oben genannten Tatsachen können im Falle von Zirkon drei verschieden Wachstumstypen unterschieden werden, welche unter Zuhilfenahme der unter Kap. 2.2 erläuterten kombinierten Schnitttechnik einzelner Kristalle zur näheren Untersuchung an der Elektronenstrahlmikrosonde gelangten. Der erste Wachstumstyp zeichnet sich im Wesentlichen durch eine konstante Vergrößerung all jener am Kristallhabitus beteiligten pyramidalen und prismatischen Formen aus. Dies bedeutet, dass sich im Laufe des Kristallwachstums sowohl das Größenverhältnis der beiden Pyramiden noch jenes der beiden Prismen nicht signifikant verändert und der zu Beginn des Kristallisationsprozesses definierte Habitus bis zum Erreichen der endgültigen Größe des betreffenden Korns keine Modifikation erfährt. Das konstante Wachstum wird anhand eines Kristalls mit Dominanz der Pyramide {101} (flache Pyramide) und des Prismas {100} demonstriert, welcher vor allem in alkalischen Magmen mit hoher Konzentration an Kalium angetroffen werden kann. Wie der BSE-Fotografie in Abb. 20 recht deutlich entnommen werden kann, liegt sowohl bei der im Längsschnitt ersichtlichen pyramidalen

Entwicklung als auch bei der im Querschnitt einsehbaren prismatischen Entwicklung eine Aneinanderreihung etwa gleich breiter Wachstumszonen vor, so dass der frühe, im Korninneren abgebildete Habitus relativ exakt dem äußeren, durch die Umrisslinien des Kristalls definierten Habitus entspricht [25, 41, 42].

Das konstante Wachstum von magmatischem Zirkon wird in der Fachsprache oftmals auch als non-inhibitorisches Wachstum bezeichnet, da in der Schmelze keine chemischen oder physikalischen Faktoren vorhanden sind, welche die Blockade einer pyramidalen oder prismatischen Form zur Folge haben. Der konstante und weitestgehend unbeeinflusste Entwicklungstrend einzelner Kristalle stellt in der Natur ein eher seltenes Phänomen dar, weil das Magma infolge der Kristallisation seiner mineralischen Hauptkomponenten einem fortlaufenden chemischen Wandel unterliegt und zudem von zahlreichen externen Faktoren beeinflusst wird. Einigermaßen gleichmäßige chemische Bedingungen können unter anderem dadurch erreicht werden,

Längsschnitt

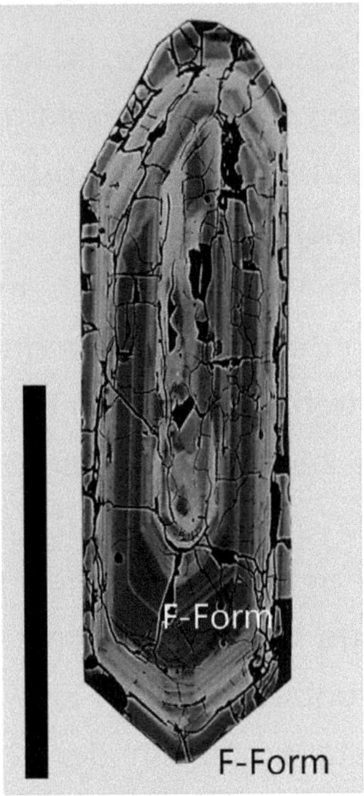

Querschnitt

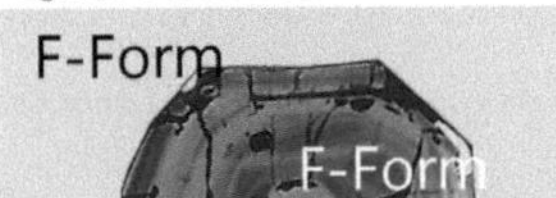

*Kombination von Kristalllängsschnitt (oben) und
-querschnitt (unten) am Beispiel eines Zirkonkorns
mit konstantem (non-inhibitorischem) Wachstum
(Balken: 100 µm).*

dass ständig neue Schmelze in die Magmakammer nachfließt und somit eine Form des „magma mixing" entsteht. Konstantes, non-inhibitorisches Wachstum betrifft insbesondere jene Zirkonkristalle mit flächenmäßiger Dominanz der beiden Formen {101} und {100}, welche in der Kristallografie auch als sogenannte F-Formen bezeichnet werden und durch sehr starke Bindungsketten gekennzeichnet sind. Ihnen stehen die durch weniger starke Bindungen charakterisierten S- und K-Formen gegenüber [25]. Als weiterer Typus des Zirkonwachstums, der mithilfe des Rückstreuelektronenbildes einer detaillierten Analyse unterzogen werden kann, gilt die inhibitorische Kristallentwicklung. Diese zeichnet sich im Wesentlichen dadurch aus, dass das Wachstum der oben genannten F-Formen wesentlich schneller voranschreitet als jenes der konkurrierenden S-Formen ({211} und {110}), da alle genannten Flächen eine intensive Adsorption von Fremdelementen aufweisen, welche lediglich bei den S-Formen als Wachstumsblocker fungieren. Im elektronenmikroskopischen Bild äußert sich dieser Sachverhalt durch die kontinuierliche Umwandlung eines Kristalls mit dominanten F-Formen in einen Kristall mit deutlich vorherrschenden S-Formen (Abb. 21) [25, 41, 42].

Durch inhibitorisches Wachstum gekennzeichnete Zirkonkristalle zeigen in der Regel eine klare Dominanz der steilen Pyramide und treten bevorzugt in Magmen mit überdurchschnittlich hohem Gehalt an Aluminium (peralumische Magmen) auf. Die Identifikation jener chemischen Elemente, welche die Entwicklung der F-Formen unbeeinflusst lassen, jedoch auf die Entwicklung der S-Formen einen entscheidenden Einfluss zu nehmen vermögen, ist in den 1990er Jahren unter Zuhilfenahme mikroanalytischer Methoden weitgehend geglückt. Demnach sorgt beim prismatischen Wachstum vor allem die Adsorption von Uran und Thorium für die oben erläuterte Verdrängung der {100}-Form durch die {110}-Form, wohingegen im Falle des pyramidalen Wachstums neben der Anlagerung von schweren Elementen auch jene von

Längsschnitt

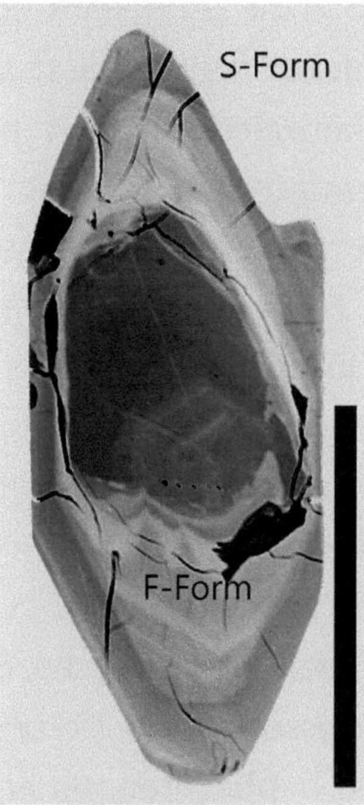

Querschnitt

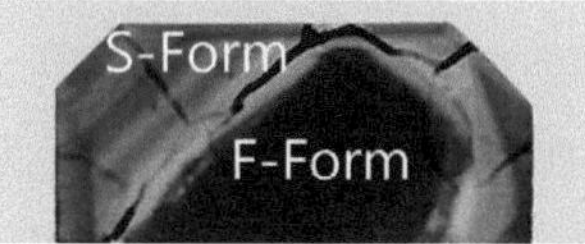

Kombination von Kristalllängsschnitt (oben) und -querschnitt (unten) am Beispiel eines Zirkonkorns mit inhibitorischem, durch Blocker hervorgerufenem Wachstum (Balken: 100 μm).

Alkalielementen (Natrium, Kalium) und Wassermolekülen eine Rolle für das Umschalten von der {101}-Form in die {211}-Form spielt [21, 43]. Im Rückstreuelektronenbild lässt sich das inhibitorische Zirkonwachstum mit einiger Erfahrung relativ einfach identifizieren. Eine innere Kernphase der betreffenden Kristalle mit vorherrschenden F-Formen erweist sich auf dem Monitor oder in der Fotografie als dunkle Zone (niedrigerer Schwerelementgehalt), wohingegen ein äußerer Wachstumsbereich mit dominanten S-Formen als helle Zone (hoher Schwerelementgehalt) auftritt. Im Unterschied zu konstantem Wachstum ist der inhibitorische Entwicklungsverlauf von akzessorischem Zirkon in der Natur recht häufig zu beobachten, da er die kontinuierliche chemische Veränderung der magmatischen Schmelze mit permanenter Anreicherung von inkompatiblen Elementen widerspiegelt. Die zuerst aus dem Magma kristallisierenden Mineralphasen sind in der Regel nicht zum Einbau von Schwerelementen befähigt, wodurch sich Zirkon während seiner Entwicklung mit einer ständig ansteigenden Konzentration dieser chemischen Komponenten konfrontiert sieht. Inhibitorisches Zirkonwachstum setzt freilich voraus, dass das Kristallisationsmilieu ein mehr oder weniger abgeschlossenes System ohne wesentlichen Materialnachschub von außen repräsentiert.

Der dritte Typus des Zirkonwachstums, welcher sich mithilfe des Rückstreuelektronenbildes erschließen lässt, spiegelt einen atypischen (pathologischen) Entwicklungsverlauf der Kristalle wider. Diese Atypizität liegt im Wesentlichen darin begründet, dass die frühe Wachstumsphase durch ein Vorherrschen der S-Formen charakterisiert ist, welche allmählich durch die F-Formen verdrängt werden. Demzufolge liegt ein dem inhibitorischen Wachstumsverlauf genau entgegengerichteter Entwicklungstrend vor (Abb. 22). Aus magmenchemischer Sicht kann das atypische Zirkonwachstum damit erklärt werden, dass die Schmelze bereits zu Beginn des Kristallisationsprozesses über eine erhöhte Konzentration an Schwerelementen verfügt, die

Längsschnitt

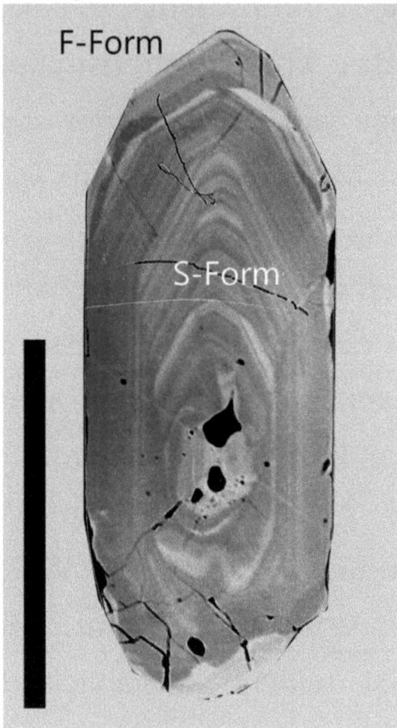

Querschnitt

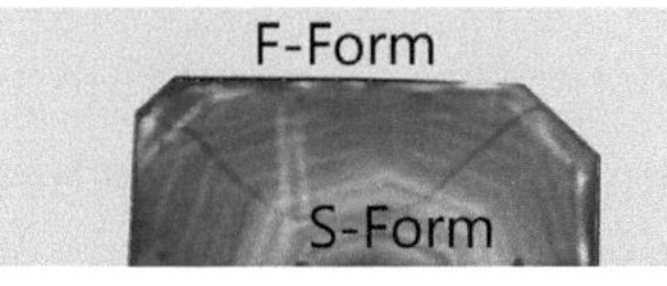

Kombination von Kristalllängsschnitt (oben) und -querschnitt (unten) am Beispiel eines Zirkonkorns mit atypischem (pathologischem), Wachstum (Balken: 100 µm).

die initiale Entstehung der F-Formen unterbindet, jedoch die Genese der S-Formen unterstützt. Im weiteren Verlauf des Erstarrungsprozesses des Magmas erfährt der Schwerelementgehalt einen kontinuierlichen Rückgang, so dass die S-Formen einem ungehinderten Wachstum ausgesetzt sind und in Bezug auf den externen Kristallhabitus nach und nach von den F-Formen verdrängt werden [25, 36, 41-43].

Durch atypisches Wachstum gekennzeichnete Zirkonkristalle weisen für gewöhnlich eine klare Dominanz der flachen Pyramide auf und sind hauptsächlich in sogenannten anatektischen Magmen vorzufinden. Dabei handelt es sich um Gesteinsschmelzen, welche aus einer hochtemperierten, durch tektonische Überschiebungen hervorgerufenen Regionalmetamorphose hervorgehen. Hier wiederum ist zu berücksichtigen, dass bei der Anatexis jene Mineralkomponenten des Krustengesteins zuerst in Schmelze übergehen, welche zuletzt aus dem Magma kristallisiert sind. Diese Komponenten enthalten aber in der Regel einen deutlich erhöhten Anteil an inkompatiblen Schwerelementen wie Uran oder Thorium.

Auch der atypische Wachstumsverlauf von akzessorischem Zirkon kann mit einiger Übung im Rückstreuelektronenbild ohne jegliche chemische Mikroanalyse identifiziert werden. Die primäre, durch das Auftreten der S-Formen charakterisierte Entwicklungsphase stellt sich im elektronenmikroskopischen Bild oftmals mit erhöhter Helligkeit dar. Die späte, durch das Erscheinen der F-Formen gekennzeichnete Phase hingegen präsentiert sich auf dem Monitor oder auf der Fotografie wesentlich dunkler. Abschließend ist in diesem Zusammenhang noch die Feststellung zu treffen, dass die atypische Entwicklung von akzessorischem Zirkon am seltensten in der Natur zu beobachten ist, da sie auf geologische Regionen mit intensiver Anatexis beschränkt bleibt.

Resümee 4

4.1 Rolle der Rückstreuelektronenmikroskopie in den Naturwissenschaften

In den vorangegangenen Kapiteln dieses Buches konnte sehr klar herausgearbeitet werden, dass die auf dem Rückstreuelektronenkontrast basierende Mikroskopie eine Sonderform der Elektronenmikroskopie präsentiert, welche in den Naturwissenschaften mittlerweile über etliche bedeutende Anwendungsfelder verfügt. Wie im Einleitungskapitel festgestellt wurde, entstehen beim Auftreffen des Primärelektronenstrahls auf die Probenoberfläche zahlreiche Effekte (Signalarten), zu denen unter anderem die Reflexion (Rückstreuung) der negativ geladenen Teilchen an den in der Probe enthaltenen Atomen zählt. Diese rückgestreuten Elektronen können mithilfe spezieller Detektoren erfasst werden, wobei die von ihnen erzeugten elektrischen Signale in weiterer Folge in entsprechende Bildinformation umgewandelt werden [1-3]. Der große Vorteil des Rückstreuelektronenkontrastbildes gegenüber dem herkömmlichen Sekundärelektronenbild besteht im Wesentlichen darin, dass es neben der Oberflächenabbildung der Probe auch deren elementare Zusammensetzung zu entschlüsseln vermag. Dieses in zahlreichen wissenschaftlichen Disziplinen genutzte Phänomen ist auf dem Umstand zurückzuführen, dass leichte Elemente eine niedrigere Rückstreurate der Elektronen besitzen als schwere Elemente [1-4, 8-10].

Die in der vorliegenden Monografie zur Veranschaulichung gebrachten Anwendungsbeispiele führen recht klar vor Augen, dass die Rückstreuelektronenmikroskopie hauptsächlich in den Material- und Geowissenschaften ihre umfassendere Nutzung findet. In der erdwissenschaftlichen Forschung kann anhand des BSE-Bildes unter anderem eine klare Differenzierung einzelner Mineralphasen in einem Gestein vorgenommen werden. So ist es zum Beispiel möglich, in einem metamorphen Gestein innerhalb von Jahrmillionen ablaufende Mineralumwandlungsprozesse sichtbar zu machen (Kap. 3.1). Als ein weiteres Anwendungsgebiet der Rückstreuelektronenmikroskopie in den Geowissenschaften kann die Visualisierung des Kristallwachstums angesehen werden, welches jedoch einen äußerst komplexen Prozess der Probenpräparation voraussetzt. In den Materialwissenschaften wird das BSE-Bild beispielsweise vermehrt zur Prüfung der Güte verschiedener Werkstoffe eingesetzt, da mit seiner Hilfe einzelne Verunreinigungen oder Verarbeitungsfehler rasch identifiziert werden können. Dies gilt auch bei der mikroskopischen Prüfung von Solarzellen, bei der das Materialkontrastbild (= Rückstreuelektronenkontrastbild) in immer stärkeren Maße seine gezielte Verwendung findet.

In Bezug auf die Anwendungshäufigkeit des BSE-Bildes treten die Biowissenschaften bisweilen noch recht deutlich hinter die oben genannten Material- und Erdwissenschaften zurück. Dies mag in erster Linie damit zu begründen sein, dass die Herstellung idealer planarer Oberflächen in einzelnen biologischen Disziplinen vermehrt auf Schwierigkeiten stößt. Dieses Defizit lässt sich jedoch größtenteils durch spezielle Fixierungstechniken überwinden, so dass etwa verschiedene Elementkonzentrationen in speziellen biologischen Geweben (z. B. Ca-Gehalt in Muskelfasern) nachgemessen werden können.

4.2 Beitrag der Rückstreuelektronenmikroskopie zum wissenschaftlichen Fortschritt

Gerade in den Material- und Erdwissenschaften ist es in den vergangenen Jahrzehnten durch den vermehrten Einsatz der Rückstreuelektronenmikroskopie gelungen, zahlreiche offene Fragen einer umfangreichen Klärung zuzuführen. So besaß man etwa in Zeiten der Lichtmikroskopie noch unzureichende Kenntnisse in Hinblick auf den Wachstumsprozess von magmatischen Kristallen. Noch in den 1960er und 1970er Jahren vertrat man die Auffassung, dass das in einer magmatischen Schmelze stattfindende

Kristallwachstum einen konstant ablaufenden Prozess der Absorption diverser Gitterbausteine darstelle [44-46]. Diese Hypothese des konstanten Wachstumsverlaufes konnte erst ab den späten 1980er Jahren widerlegt werden. Ab diesem Zeitpunkt gelangten nämlich spezielle Präparationstechniken zur Entwicklung, welche einen detaillierten Einblick in die interne Struktur der Kristalle gewähren. Die Präparate wurden mithilfe der Rückstreuelektronenmikroskopie und Kathodolumineszenz untersucht und ließen in den entsprechenden Bildern eine zum Teil hochkomplexe Wachstumsdynamik der magmatischen Kristalle erkennen [21-25, 40-43]. Gegenwärtig besteht Einigkeit darüber, dass die Kristallentwicklung in der magmatischen Schmelze zu einem nicht unerheblichen Teil von Fremdelementen kontrolliert wird, welche das Wachstum gewisser Flächen fördern und das anderer Flächen blockieren können. So kann eine zu Beginn des Kristallisationsprozesses stehende Form letztendlich in eine davon vollständig abweichende Form überführt werden [21-25].

Anhand detaillierten Bildmaterials konnte im Rahmen dieser Monografie auch aufgezeigt werden, dass magmatische Kristalle mit vermehrtem Gehalt an radioaktiven Elementen (U, Th) eine stufenweise Zerstörung ihrer internen Struktur erfahren. Bei akzessorischem Zirkon wird dieser Prozess des Verlustes der strukturellen Integrität als sogenannte Metamiktisierung bezeichnet, an deren Ende die Bildung eines amorphen Festkörpers steht. Im Zeitalter der Lichtmikroskopie blieben derartige kristallinterne Transformationsprozesse für die Wissenschaft weitestgehend unzugänglich; durch eine zum Teil intensive Dunkelfärbung einzelner Körner ließ sich dieses Phänomen lediglich in Ansätzen erahnen [25, 47-50]. Durch die gezielte Anfertigung von Kristallschnitten stellt die Sichtbarmachung der Metamiktisierung für die moderne Forschung kein größeres Problem mehr dar, wobei die Ausmaße dieses Vorganges jene mit dem Lichtmikroskop getätigten Vorhersagen sehr deutlich übersteigen können. Hier hat die Rückstreuelektronenmikroskopie ohne Zweifel einen ganz wesentlichen Beitrag zur Klärung eines spezifischen wissenschaftlichen Sachverhaltes geleistet.

Die seit den 1950er Jahren sehr intensive lichtmikroskopische Befassung mit dem akzessorischen Mineral Zirkon führte unter anderem zu dem Ergebnis, dass einzelne Kristalle über einen ausgeprägten schalenförmigen Aufbau (Zonierung) verfügen, welcher auf ein schrittweises Auskristallisieren der Körner aus der magmatischen Schmelze hindeutet [25, 51-53]. Erst nach Etablierung spezieller elektronenmikroskopischer Visualisierungstechniken konnte demonstriert werden, dass es nicht nur einen, sondern mehrere Typen der Kristallzonierung gibt, die auf unterschiedlichen, von externen Parametern beeinflussten Austauschprozessen zwischen Magma und Mineral basieren [21-25]. Insgesamt repräsentiert die Kristallzonierung ein über weite Strecken hochkomplexes Phänomen, welches die mathematisch und physikalisch nur sehr schwer erfassbare Dynamik des Wachstumsprozesses gut zu veranschaulichen vermag.

Die Reaktionstexturen metamorpher Gesteine lassen sich bereits unter dem Lichtmikroskop mit recht hoher Genauigkeit ergründen. Die lichtmikroskopische Arbeit findet hier durch den Rückstreuelektronenkontrast eine in zahlreichen Fragen mehr als willkommene Unterstützung, da sie spezifische Zonen der Mineralumwandlung wie beispielsweise Reaktionssäume besser visualisieren kann. Als wesentlicher Vorteil der BSE-Mikroskopie gilt jedoch der Umstand, dass an den in die metamorphen Reaktionen eingebundenen Mineralphasen im Falle der Verwendung einer Elektronenstrahlmikrosonde noch zusätzlich chemische Analysen durchgeführt werden können. Dadurch wird letztendlich eine genaue Quantifizierung des Reaktionsablaufes ermöglicht. Die unter Zuhilfenahme des Materialkontrastbildes realisierte mikrochemische Mineralanalyse stellt eine bedeutende Grundlage der Geothermobarometrie dar, welche die jeweiligen Druck- und Temperaturbedingungen der Metamorphose misst. Hier hat das auf Basis rückgestreuter Elektronen erzeugte Bild letztendlich für einen Quantensprung in der erdwissenschaftlichen Forschung gesorgt.

4.3 Zukünftige Forschungsfelder

Trotzdem sich die Rückstreuelektronenmikroskopie vor allem in den Material- und Erdwissenschaften in den vergangenen Dekaden als eine zentrale Methode etablieren konnte, gibt es noch etliche naturwissenschaftliche Forschungsfelder, in denen das Verfahren eher marginale Aufmerksamkeit genießt. Auf den eher punktuellen Einsatz der Methode in den Biowissenschaften wurde bereits weiter oben hingewiesen. Wird das Materialkontrastbild mit einer quantitativen Messvorrichtung (wellenlängendispersives oder energiedispersives System) verbunden, besteht die einfache Möglichkeit der Visualisierung der Verteilung bestimmter Elemente in einer gegebenen Probe. So kann beispielsweise der Gehalt an Schwermetallen in bestimmten Geweben (Knochengewebe, Fettgewebe) einer genaueren Veranschaulichung zugeführt werden. Auch jene Forschungsbereiche der Biowissenschaften, in denen punktuelle chemische Messungen erwünscht sind (z. B. Muskel- und Neurophysiologie) könnten bis zu einem gewissen Maß von der Rückstreuelektronenmikroskopie und den damit in Verbindung stehenden Analysemethoden profitieren.

In den Material- und Geowissenschaften wird man auch in der Zukunft für die Klärung zahlreicher Fragestellungen auf das Materialkontrastbild zurückgreifen. Als eines der wichtigsten Einsatzgebiete der Rückstreuelektronenmikroskopie wird neben der hier mit aller Ausführlichkeit behandelten Kristallografie insbesondere die Kristall- und Geochemie gelten, welche sich unter anderem mit der Datierung magmatischer Gesteine (Geochronologie) auseinandersetzen. Mithilfe punktueller chemischer Messungen von Elementen einer radioaktiven Zerfallsreihe, die auf entsprechenden Schnittflächen akzessorischer Minerale (Zirkon, Monazit) getätigt werden, können geochronologische Kurven erstellt werden, welche Auskunft über das Kristallisationsalter des Wirtsgesteins geben. Diese mit der Elektronenstrahlmikrosonde durchgeführte Altersdatierung hat gerade in den vergangenen 20 Jahren einen merkbaren Aufschwung erfahren, da sie sich gegenüber der Altersbestimmung mithilfe der Ionenmikrosonde (SHRIMP) als wesentlich kostengünstiger erweist.

In den Materialwissenschaften wird das BSE-Bild auch in Zukunft unter anderem zur Bewertung der Güte bestimmter Werkstoffe und Bauteile zum Einsatz gelangen, wobei hier die Einfärbung der Graustufenbildern einen zusätzlichen Informationsgewinn herbeiführen kann [51-53]. Die rückgestreuten Elektronen werden seit einigen Jahren im Rahmen der sogenannten Elektronenrückstreudiffraktometrie (engl. Electron Backscattered Diffraction, EBSD) zur näheren Untersuchung von Kristallstrukturen herangezogen. Auf diesem Gebiet sollten in näherer Zukunft noch weitere Forschungsimpulse folgen.

Literatur

[1] **Flegler** S. L., **Heckman**, J. W., **Klomparens**, K. L. (1995): Elektronenmikroskopie — Grundlagen, Methoden, Anwendungen. Spektrum Akademischer Verlag, Stuttgart.

[2] **Reimer** L., **Pfefferkorn** G. (1999): Raster-Elektronenmikroskopie, 2. Aufl. Springer, Berlin.

[3] **Clarke** A. R., **Eberhardt** C. N. (2002): Microscopy Techniques for Materials Science. Woodhead Publishing, Abington.

[4] **McMullan** D. (1995): Scanning electron microscopy 1928-1965. Scanning 17/3: 175-185.

[5] **Von Ardenne** M. (1938): Das Elektronen-Rastermikroskop. Theoretische Grundlagen. Zeitschrift für Physik 109/9-10: 553-572.

[6] **Von Ardenne** M. (1938): Das Elektronen-Rastermikroskop. Praktische Ausführung. Zeitschrift für Technische Physik 19: 407-416.

[7] **McMullan** D. (1988): Von Ardenne and the scanning electron microscope. Proceedings of the Royal Microscopical Society 23: 283-288.

[8] **Goldstein** J. I., **Newbury** D. E., **Joy** D. C., **Lyman** C. E., **Echlin** P., **Litshin** E., **Sawyer** L., **Michael** J. R. (2003): Scanning Electron Microscopy and X-ray Microanalysis. Springer, New York.

[9] **Sturm** R. (2015): Mikroskopische Studie fossiler und rezenter Kleinstlebewesen. Cuvillier, Göttingen.

[10] **Eggert** F. (2005): Standardfreie Elektronenstrahl-Mikroanalyse mit dem EDX im Rasterelektronenmikroskop. Books on Demand, Norderstedt.

[11] **Sturm** R. (2020): Mikroskopische Methoden in den Naturwissenschaften — Teil 2: Rückstreuelektronenmikroskopie. Mikroskopie 7/3: 145-151.

[12] **Sturm** R. (2004): Imaging of growth banding of minerals using 2-stage sectioning: applications to accessory zircon. Micron 35/8: 681-684.

[13] **Sturm** R. (2007): Analyzing the Growth of Magmatic Crystals — An Electron Micro-

probe Analysis Study. Microscopy Today 15/3: 35-41.

[14] **Sturm** R. (2009): Microscopy and Microanalysis of Magmatic and Metamorphic Minerals — Part 1: Cordierite. Microscopy Today 16/5: 30-37.

[15] **Sturm** R. (2010): Microscopy and Microanalysis of Magmatic and Metamorphic Minerals — Part 2: Feldspar. Microscopy Today 18/3: 18-24.

[16] **Steyrer** H. P., **Sturm** R. (2002): Stability of zircon in a low-grade ultramylonite and its utility for chemical mass balancing: the shear zone at Miéville, Switzerland. Chemical Geology 187/1-2: 1-19.

[17] **Steyrer** H. P., **Sturm** R. (2017): Zircon - A possible indicator of mass transfer in deformation zones: A solution for the Rofna gneiss controversy (Suretta nappe, Switzerland). Journal of Structural Geology 104: 48-60.

[18] **Pupin** J. P. (1980): Zircon and granite petrology. Contributions to Mineralogy and Petrology 73: 207-220.

[19] **Sturm** R. (2004): Volume balancing in ductile shear zones by the quantification of

accessory zircon in oriented thin sections. Neues Jahrbuch für Mineralogie Abhandlungen 180: 171-191.

[20] **Sturm** R., **Steyrer** H. P. (2003): Zirkonquantifizierungen zur Volums- und Massenbilanzierung in duktilen Scherzonen — eine exemplarische Studie aus dem Zillertal-Venediger-Kern (Hohe Tauern). Mitteilungen der Österreichischen Geologischen Gesellschaft 93: 55-76.

[21] **Benisek** A., **Finger** F. (1993): Factors controlling the development of prism faces in granite zircons: a microprobe study. Contributions to Mineralogy and Petrology 114: 441-451.

[22] **Sturm** R. (2009): Faszination Kristallchemie - Mikroskopische Einblicke in die chemische Steuerung des Kristallwachstums. Mikrokosmos 98:147-152.

[23] **Sturm** R. (1999): Longitudinal and cross section of zircon: a new method for the investigation of morphological evolutional trends. Schweizerische Mineralogisch-Petrographische Mitteilungen 79: 309-316.

[24] **Sturm** R. (2005): Kombinierte Schnitttechniken zum mikroskopischen Studium des

Wachstums magmatischer Kristalle. Mikrokosmos 94: 247-252.

[25] **Sturm** R. (2017): Zirkon — Licht- und elektronenmikroskopische Studien zum akzessorischen Mineral. Cuvillier, Göttingen.

[26] **Sturm** R. (2010): Analyzing growth kinetics of magmatic crystals by backscattered electron-microscopy of oriented crystal sections. In: **Méndez-Vilas** A., **Díaz** J. (eds.), Microscopy: Science, Technology, Applications and Education, Vol. III, Formatex, Badajoz, pp. 1681-1689.

[27] **Sturm** R. (2014): Studie zur Wachstumskinetik magmatischer Kristalle mittels Eletronenstrahl-Mikrosondenanalyse von orientierten Kristallschnitten. Mikroskopie 1: 29-38.

[28] **Sturm** R., **Dachs** E., **Kurz** W. (1997): Untersuchung von Hochdruckrelikten in Grüngesteinen des Großglocknergebietes (zentrales Tauernfenster, Österreich): Erste Ergebnisse. Zentralblatt für Geologie und Paläontologie 1996/3-4: 345-363.

[29] **Sturm** R. (2008): Gesteinsmetamorphose unter dem Mikroskop — Mineralumwandlungsprozesse bei abnehmenden Druck-

und Temperaturbedingungen. Mikrokosmos 97/5: 267-273.

[30] **Sturm** R. (2007): Crustal Deformation Processes Studied by Microprobe Quantification of Minerals. Microscopy & Analysis 117: 11-14.

[31] **Sturm** R. (2016): Scherzonen — Chemielabore in der Natur. Chemie in unserer Zeit 50/5: 336-341.

[32] **Barker** A. J. (1989): Introduction to Metamorphic Textures and Microstructures. Blackie, Glasgow/London.

[33] **Yardley** B. W. D. (1990): An Introduction to Metamorphic Petrology. Longman, London.

[34] **Sturm** R. (2008): Mikroskopischer Einblick in Deformations- und Mineralumwandlungsprozesse von Scherzonen. Mikrokosmos 100/4: 241-245.

[35] **Sturm** R. (2017): Cordierite from a high-temperature low-pressure shear zone of the south-western Bohemian Massif (Moldanubian terrain, Austria). Geochemistry 77/1: 195-206.

[36] **Sturm** R., **Finger**, F. (1995): Internal morphological growth trends in granite zir-

cons. Terra Nova 7: 67-68.

[37] **Sturm** R. (2004): Mikroskopie des Internbaues magmatischer Kristalle. Mikrokosmos 93: 324-330.

[38] **Sturm** R. (2008): Metamiktisierung und Korrosion — Mikroskopische Kristallzerstörung bei akzessorischem Zirkon. Mikrokosmos 97: 232-237.

[39] **Sturm** R. (2016): Mikroskopie der Kristallzerstörung am Beispiel von akzessorischem Zirkon. Mikroskopie 3/3: 160-165.

[40] **Pupin** J. P., **Turco** G. (1975): Typologie du zircon accessoire dans leroche plutoniques dioritiques, granitiques et syenitiques. Facteurs essentiels déterminant les variations typologiques. Pétrologie 1: 139-156.

[41] **Sturm** R. (1999): Factors controlling the pyramidal growth of zircon: new results. Neues Jahrbuch für Mineralogie Monatshefte 4: 494-504.

[42] **Vavra** G. (1993): A guide to quantitative morphology of accessory zircon. Chemical Geology 110: 15-28.

[43] **Sturm** R. (2004): Analysis of magmatic crystal growth by backscatteres electron imaging. Microscopy & Analysis 14: 29-31.

[44] **Frasl** G. (1963: Die mikroskopische Untersuchung der akzessorischen Zirkone als eine Routinearbeit des Kristallingeologen.
Jahrbuch der Geologischen Bundesanstalt
106: 405-428.

[45] **Hoppe** G. (1963): Die Verwendbarkeit mor-
phologischer Erscheinungen an akzessorischen Zirkonen für petrogenetische Aus-
wertungen. Abhandlungen der Deutschen
Akademie der Wissenschaften zu Berlin 1:
1-130.

[46] **Kostov** I. (1972): The structural patterns of
crystal faces and crystal growth. Crystal
Research & Technology 7: 27-35.

[47] **Poldervaart** A. (1955): Zircons in rocks. 1.
Sedimentary rocks. American Journal of
Science 253: 433-465.

[48] **Poldervaart** A. (1956): Zircons in rocks. 2.
Igneous rocks. American Journal of Science 254: 521-554.

[49] **Veniale** F., **Pigorini** B., **Soggetti** F. (1968):
Petrological significance of accessory zir-
con in the granites of Baveno, M. Orfano
and Alzo (North Italy). Proceedings of the
23rd International Geological Congress 23:
243-268.

[50] **Köhler** H. (1970): Die Änderung der Zirkonmorphologie mit dem Differenzierungsgrad eines Granits. Neues Jahrbuch für Mineralogie Monatshefte 9: 405-420.

[51] **Antonovsky** A. (1984): The application of colour to SEM imaging for increased definition. Micron and Microscopica Acta 15/2: 77-84.

[52] **Danilatos** G. D. (1986): Colour micrographs for backscattered electron signals in the SEM. Scanning 9/3: 8-18.

[53] **Danilatos** G. D. (1986): Environmental scanning electron microscopy in colour. Journal of Microscopy 142: 317-325.

Abbildung 1

By Rechteinhaber: Dr. rer. nat. Alexander von Ardenne - by inheritance from my father Prof. Dr. h. c. mult. Manfred von Ardenne; he died in 1997 (online at: www.ardenne.de/med), CC BY-SA 3.0, https://commons.wikimedia.org/w/index.php?curid=22347078